职业院校医药类专业课程教材

药用植物学基础

罗 翀 林 云 主编

中国劳动社会保障出版社

图书在版编目（CIP）数据

药用植物学基础 / 罗翀，林云主编 . -- 北京：中国劳动社会保障出版社，2025. --（职业院校医药类专业课程教材）. -- ISBN 978-7-5167-7015-3

Ⅰ . Q949.95

中国国家版本馆 CIP 数据核字第 2025V8T347 号

药用植物学基础

YAOYONG ZHIWUXUE JICHU

中国劳动社会保障出版社出版发行

（北京市惠新东街 1 号　邮政编码：100029）

*

北京市科星印刷有限责任公司印刷装订　　新华书店经销

787 毫米 ×1092 毫米　16 开本　15 印张　320 千字

2025 年 11 月第 1 版　　2025 年 11 月第 1 次印刷

定价：51.00 元

营销中心电话：400-606-6496

出版社网址：https://www.class.com.cn

《药用植物学基础》编审委员会

主　　编　罗　翀　林　云

副 主 编　李　超　李爱伟

编　　者　**（以姓氏笔画为序）**

刘　岩（山东医药技师学院）

李　超（华北理工大学）

李占颖（河南医药健康技师学院）

李雨嫣（湖南食品药品职业学院）

李爱伟（江西省医药技师学院）

邱依星（湖南中医药大学）

陈　斌（江西省医药学校）

林　云（湖南省医药技工学校）

罗　翀（湖南省医药技工学校）

主　　审　张　薇（杭州轻工技师学院）

林　祁（中国科学院植物研究所）

总前言

为了深入贯彻党的二十大精神和习近平总书记关于大力发展技工教育的重要指示精神，落实中共中央办公厅、国务院办公厅印发的《关于推动现代职业教育高质量发展的意见》，推进技工教育高质量发展，全面推进技工院校工学一体化人才培养模式改革，适应技工院校教学模式改革创新，同时为更好地适应技工院校医药类专业的教学要求，全面提升教学质量，我们组织有关学校的一线教师和行业、企业专家，在充分调研企业生产和学校教学情况、广泛听取教师意见的基础上，吸收和借鉴各地技工院校教学改革的成功经验，组织编写了本套职业院校医药类专业课程教材。

总体来看，本套教材具有以下特色：

第一，坚持知识性、准确性、适用性、先进性，体现专业特点。教材编写过程中，努力做到以市场需求为导向，根据医药行业发展现状和趋势，合理选择教材内容，做到“适用、管用、够用”。同时，在严格执行国家有关技术标准的基础上，尽可能多地在教材中介绍医药行业的新知识、新技术、新工艺和新设备，突出教材的先进性。

第二，突出职业教育特色，重视实践能力的培养。以职业能力为本位，根据医药专业毕业生所从事职业的实际需要，适当调整专业知识的深度和难度，合理确定学生应具备的知识结构和能力结构。同时，进一步加强实践性教学的内容，以满足企业对技能型人才的要求。

第三，创新教材编写模式，激发学生学习兴趣。按照教学规律和学生的认知规律，合理安排教材内容，并注重利用图表、实物照片辅助讲解知识点和技能点，为学生营造生动、直观的学习环境。部分教材采用工作手册式、新型活页式，全流程体现产教融合、校企合作，实现理论知识与企业岗位标准、技能要求的高度融合。部分教材在印刷工艺上采用了四色印刷，增强了教材的表现力。

本套教材配有习题册和多媒体电子课件等教学资源，方便教师上课使用，可以通过技工教育网（https://jg.class.com.cn）下载。另外，在部分教材中针对教学重点和难点制作了演示视频、音频等多媒体素材，学生可扫描二维码在线观看或收听相应内容。

本套教材的编写工作得到了河南、浙江、山东、江苏、江西、四川、广西、广东等省（自治区）人力资源社会保障厅及有关学校的大力支持，教材编审人员做了大量的工作，在此我们表示诚挚的谢意。同时，恳切希望广大读者对教材提出宝贵的意见和建议。

本书前言

本书为职业院校医药类专业课程教材之一，以《中国植物志》《中华人民共和国药典》（2025 年版）为依据，为更好地配合行业用人要求，满足初中起点、高中起点层次医药类专业人才培养目标和实际教学需求编写而成。

本书主要供职业院校医药类专业课程教学使用，也可作为医药行业从业人员的培训和自学用书。全书分为绪论和 3 个模块，共 16 项任务，以药用植物学基础知识及在医药行业中的应用为主线，按照“理论够用，突出实践”的原则，主要介绍了药用植物的形态及类型、显微构造和种类以及常见的代表性植物，为后续专业课程的学习奠定基础。

本书由江西省医药技师学院的李爱伟编写绪论和任务七，湖南省医药技工学校的罗翀编写任务一，河南医药健康技师学院的李占颖编写任务二和任务三，湖南食品药品职业学院的李雨嫣编写任务四、任务五和任务六，山东医药技师学院的刘岩编写任务八、任务九和任务十四，江西省医药学校的陈斌编写任务十、任务十一和任务十三，湖南中医药大学的邱依星编写任务十一、任务十二和任务十五，华北理工大学的李超和湖南省医药技工学校的林云编写任务十六。此外，林云还整理编写了被子植物门分科检索表及部分被子植物彩图，作为本书配套的电子资源供实际教学使用，可通过技工教育网（https://jg.class.com.cn）下载。全书由湖南省医药技工学校的罗翀统稿。

本书由杭州轻工技师学院的张薇和中国科学院植物研究所的林祁担任主审，在此特表谢意。

由于编者水平和能力有限，书中如有不当或疏漏之处，敬请广大师生提出宝贵意见，以便再版时进行修订。

编者

2025 年 8 月

目 录

绪论

学习目标

1. 了解药用植物学的发展简史，掌握药用植物和药用植物学的概念。
2. 能准确说出药用植物和药用植物学的概念，以及历史上有重要影响和地位的中药学专著。

相关知识

一、基本概念

药用植物是指其植株的全部或部分（根、茎、叶、花、果实、种子等）被直接使用或经过提取、加工后，可预防、治疗疾病，对人体有保健功能的植物。药用植物学是研究药用植物形态、组织、生理功能、分类鉴定、资源开发和利用的学科。

二、学习药用植物学的目的和任务

中药种类众多，其中绝大多数来自植物。药用植物学是中药学等专业的专业课程，与涉及植物种类、栽培、药材特征等内容的专业课程均有紧密联系，如中药鉴定技术、中药学、中药炮制技术、中药资源学和药用植物栽培技术等。

学习药用植物学的主要任务有以下几点：

1. 准确识别生药原植物的种类，确保用药安全有效

中药多品种、多来源、同名异物、同物异名的现象比较普遍，品种或来源不明确将直接影响中药的质量和疗效。例如，我国作为中药贯众混同使用的植物有 5 科 25 种，作为白头翁使用的植物有 4 科 21 种，致使各地应用疗效不一。因此，准确识别生药来源，保障用药安全，是学习药用植物学的首要任务。

2. 调查考证、合理利用药用植物资源

药用植物绝大多数是野生植物。有些地区由于盲目采挖，药用植物资源受到严重破坏，产量急剧下降，品种日趋减少，如野生的人参、天麻等已处于濒危状态。为保障人们用药的需要，除应采取有效措施保护药用植物资源、积极研究并推广将野生品种转为栽培品种外，

还应当对尚未开发地区的药用植物资源进行调查，合理规划药用植物资源的开发利用和保护。

3. 寻找紧缺药材的代用品和新资源

利用亲缘关系相近的植物往往含有相似的活性成分这一规律，寻找新的药用植物资源，开发研究新药，以满足人们医疗保健的需要。2020 年以来，我国医药工作者在这方面已取得了显著成绩。如用铜皮石斛替代濒危的名贵中药材铁皮石斛，已实现产业化生产；用屏边三七替代野生人参开发新药。

4. 利用植物生物技术，获得高品质药材

由于长期过度采挖，野生植物资源日渐萎缩，人工栽培品种又面临品质退化、种子带病与农药残留超标等问题。因此，可利用植物生物技术对药用植物进行组织培养，从而短时间内大量繁殖所需幼苗。如贝母通过组织培养分化出的鳞茎，培养 3 个月左右其大小就相当于用种子繁殖两年的鳞茎。也可以利用基因工程技术培育抗病虫害、抗逆性强以及活性成分含量高的药用植物，如金银花以花蕾的品质为最佳，但在实际生产中其开花的时间很难控制，因此可以利用基因工程技术抑制金银花的开花，最大程度地获得高品质的药材。

三、药用植物学的发展简史

药用植物学是人们在长期生产实践和与自然及疾病作斗争的进程中，不断认识并积累经验发展起来的。古人在长期的生活实践中，遇到可充饥的就作为食物，遇到能治病的就发展成为药物。远古时期文字未兴，这些知识仅能口耳相传，后来有了文字，才逐渐记载下来。由于药物中绝大多数是植物，因此古代把记载中药的书籍称为“本草”，把中药学称为“本草学”。下面介绍一些历史上有重要影响和地位的中药学专著。

《神农本草经》于东汉时期结集成书，是现存最早的中药学著作。该书载药 365 种，其中植物药 237 种，系统总结了汉以前的中医药学知识，对后世中医药学的发展产生了深远的影响。《新修本草》由唐代苏敬等人主持编撰，共载药 850 种，它是我国历史上第一部由政府颁布的药典，也是世界上最早的药典。《经史证类备急本草》由北宋唐慎微编撰而成，载药 1 748 种，辑录了宋以前各家医药著作，为后世保留了大量医药文献。《本草纲目》由明代李时珍在《经史证类备急本草》的基础上，历时 27 年编撰而成，载药 1 892 种，是我国 16 世纪前本草学集大成之作。《本草纲目拾遗》由清代赵学敏编著，载药 921 种，是继李时珍《本草纲目》后，对本草学的再一次总结。

新中国成立后，政府高度重视中医药事业的发展。具有代表性的现代本草学著作包括《中药志》《全国中草药汇编》《中药大辞典》等。启动于 1959 年、全部完成于 2004 年的《中国植物志》，全书共 80 卷 126 册，记载了我国 301 科 3 408 属 31 142 种植物，是当时世界上最大型、种类最丰富的植物学巨著。1999 年出版的《中华本草》系统整理了中国传统药物学知识，共收载包含藏药、蒙药、维吾尔药等民族药在内的传统药物 8 980 种，是我国最权威的中药学著作之一。2021 年出版的《中国药用植物志》收载我国药用植物 427 科 2 509 属近 12 000 种，是我国第一部完整记载我国药用植物类群及其药用价值的大型科学专著，全面、系统地呈现了我国药用植物的分类、形态、分布、功效、化学成分、药理作用及药材使用情况，体现我国植物学和药学这两个领域的研究成果。

《中华人民共和国药典》（以下简称《中国药典》）是我国为保证药品质量可控、人民用药安全有效而依法制定的药品研制、生产、经营、使用和监督管理法典。第一版颁布于1953年，从1985年起，固定为每5年修订1版，2025年3月颁布的《中国药典》为第十二版，由一部、二部、三部和四部构成，其中一部中药收载品种共计3 069种。

随着科学的发展与新技术、新仪器的不断使用，各门学科之间相互渗透，这既促进了药用植物学的发展，也给药用植物学增加了新的内容，拓展了药用植物学的应用前景。

四、药用植物学的学习方法

药用植物学是一门实践性很强的学科。学习药用植物学必须理论联系实际，紧紧围绕具体的工作任务展开学习，深入大自然，把书中的理论知识与实际植物进行对照，仔细观察，认真比较，反复实践，才能学得快、记得牢。要善于识同辨异，即通过观察、比较，掌握不同植物的共同特征和不同特征，抓住主要差异去辨识植物，从而锻炼和提高解决实际问题的能力，为今后学习其他专业课和从事相关工作奠定基础。

模块一

识别药用植物器官的形态和类型

植物器官是指植物体中由多种组织构成，具有一定生理功能的结构。被子植物的主要器官有根、茎、叶、花、果实和种子。其中，花、果实、种子与植物的繁殖有关，称生殖器官或繁殖器官；根、茎、叶具备吸收、运输、制造营养物质的功能，称营养器官。

任务一　识别根的形态和类型

学习目标

1. 了解根的作用，熟悉根、根系和变态根的类型。
2. 通过观察，能准确描述根的形态并判断其类型。

任务引入

根是植物体的营养器官，一般生活在土壤中，具有向地性、向湿性和背光性。根具有吸收、运输、固着、贮藏和繁殖等生理功能。

植物的根有很多用途，如萝卜的根可以食用，人参、三七、当归、何首乌的根可以药用，还有的可以做工业原料，如用甘薯的根制备乙醇。你还知道哪些以根入药的植物?

相关知识

一、根的形态

根一般呈圆柱形，在土壤中生长，向下逐渐变细并向四周分枝，形成复杂的根系。根不分节和节间，一般不长芽、叶和花。

二、根的类型

种子萌发时，种子中的胚根首先突破种皮向下生长成为主根。当主根生长至一定长度时，在一定部位侧向分出许多支根，称侧根。主根或侧根上产生的最末级细小分枝称纤维根。主根、侧根和纤维根直接或间接由胚根发育而来，有固定的生长部位，称定根；有些植物根的发生没有固定的位置，不是直接或间接来源于胚根，而是从茎、叶或其他部位生长出来，这样的根称不定根（见图1－1）。利用不定根的特性可进行扦插、压条等营养繁殖。

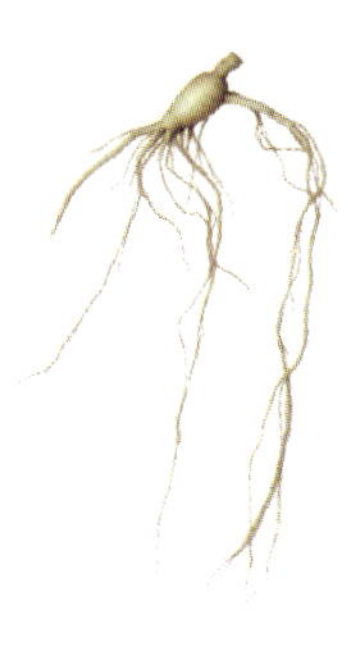
a

b

图1－1　根的类型

a. 定根（人参）　b. 不定根（木薯）

三、根系的类型

根在生长过程中产生了很多分枝，一株植物所有的根称根系。根系分为直根系和须根系两种类型，见表1－1和图1－2。

表1－1　　根系的类型

类型	直根系	须根系
定义	由明显而发达的主根、侧根和纤维根所组成的根系	主根不发达或早期死亡，由茎的基部节上生出许多长短粗细相似的不定根所组成的根系
特点	主根与侧根区分明显；一般以垂直向下生长为主，通常分布于较深的土层，又称深根系	没有明显的主、侧根区分；多以水平方向生长为优势，分布于较浅的土层，又称浅根系
分布	双子叶植物和裸子植物	多数单子叶植物

a

b

图1－2　根系的类型

a. 直根系（胡萝卜）　b. 须根系（蒜）

四、变态根的类型

在长期的自然气候和地理条件变迁发展过程中，为了适应生活环境的变化，许多植物的根在形态、结构和生理功能等方面发生了变异，这种变异称根的变态。常见变态根的类型有贮藏根、支持根、攀缘根、气生根、水生根和寄生根。

1. 贮藏根

有些植物根的部分或全部因贮藏营养物质而肉质肥大，这样的根称贮藏根，是植物最常见的变态根，根据其来源和形状的不同又可分为肉质直根和块根（见图 1－3）。肉质直根主要由主根发育而成，呈圆锥状、圆柱状或圆球状；块根一般由侧根或不定根发育而成，形状往往不规则，多为块状或纺锤形，一株植物可以形成多个块根。

a

b

图 1－3　贮藏根

a. 肉质直根（胡萝卜） b. 块根（番薯）

2. 支持根

有些植物自茎节上产生一些不定根伸入土中，以增强茎的支持力量，这样的根称支持根（见图 1－4）。

图 1－4　支持根（榕树）

3. 攀缘根

从茎上长出的能帮助植物攀附石壁、树干或其他物体向上生长的不定根称攀缘根（见图 1-5）。

图 1-5　攀缘根（常春藤）

4. 气生根

从茎上产生的暴露在空气中的不定根称气生根（见图 1-6）。

图 1-6　气生根（石斛）

5. 水生根

水生植物漂浮在水中的须根称水生根（见图 1-7）。

图 1-7　水生根（凤眼莲）

6. 寄生根

一些寄生植物的根插入寄主体内吸取水分和营养物质，以维持自身的生活，这种根称寄生根（见图 1－8）。

图 1－8　寄生根（菟丝子）

任务实施

一、任务准备

准备一些代表性植物的根的标本或挂图，如桔梗（或人参、蒲公英）、徐长卿（或龙胆、白薇）、甘草（或白芷、当归）、何首乌（或麦冬、百部、天冬）、常春藤（或络石）、玉米（或甘蔗）、石斛（或吊兰）、凤眼莲、菟丝子（或桑寄生、槲寄生）等。

二、观察根与根系的形态和类型

1. 观察桔梗（或人参、蒲公英）的根系，辨别主根、侧根、纤维根，描述其根的形态及根系特点。

2. 观察徐长卿（或龙胆、白薇）的根系，描述其根的形态及根系特点。

三、观察变态根的形态和类型

观察甘草、何首乌、常春藤、玉米、石斛、凤眼莲、菟丝子等植物的根，判断其类型。

四、任务测评

按表 1－2 进行任务测评，并做好记录。

表 1－2　任务评分标准

序号	考核内容	考核标准	配分	得分
1	根的形态	能准确描述根的一般形态	20	
2	根及根系的类型	能准确判断根及根系的类型	40	
3	变态根	能准确判断变态根的类型	40	
合计			100	

思考与练习

当归与姜都为药食同源的中药（见图 1-9 和图 1-10），但它们的入药部位一个为根，一个为茎。请结合本任务所学知识，分析它们的特征，判断出哪个为根。

图 1-9　当归

图 1-10　姜

任务二　识别茎的形态和类型

学习目标

1. 了解茎的作用，熟悉茎和变态茎的类型，掌握茎的基本特征。
2. 通过观察，能准确描述茎的形态并判断其类型。

任务引入

茎是植物地上部分的主干，是种子植物重要的营养器官，具有向光性、背地性。茎通常生长在地上，称地上茎，以地上茎入药的中药有沉香、苏木、鸡血藤、忍冬藤等；但有些植物的茎生长在地下，称地下茎，以地下茎入药的中药有生姜、莲藕、黄精、麦冬、半夏等。茎具有输导、支持、贮藏、繁殖等生理功能。

植物的茎既可供食用，如甘蔗、芹菜、莴笋、土豆；也可供药用，如石斛、杜仲、肉桂、大血藤、重楼；还可以作为工业原料，如三叶橡胶树可用于制备天然橡胶。常见的茎类药材见表 2-1。你还知道哪些以茎入药的植物？它们又属于哪种类型的茎呢？

表 2-1 常见的茎类药材

药材名	药用部位
麻黄、桂枝	茎或枝
木通、首乌藤	藤茎
黄柏、杜仲、厚朴、合欢	茎皮
通草、灯心草	茎髓
檀香、降香、苏木	木质部
钩藤	带钩茎枝
黄连、黄精、玉竹、芦根、白茅根	根状茎
天麻、半夏	块茎
荸荠	球茎
大蒜、洋葱、百合、贝母	鳞茎

相关知识

一、芽

芽是尚未发育的枝条、花或花序，是茎、叶、花的原始结构。发育成枝条的芽中心有一个短轴，称芽轴，顶端有一个生长锥，其周围形成一些突起，称叶原基；叶原基逐渐发育成幼叶，幼叶的叶腋（叶柄与其着生的茎之间形成的夹角）又形成一些小突起，称腋芽原基，将来发育成腋芽。根据芽的生长位置、有无芽鳞、发育性质以及活动能力等情况，可将芽分为不同的类型（见图 2-1）。

1. 按芽的生长位置分

（1）定芽。定芽是指在茎上有确定生长位置的芽，又分为以下 3 类：

①顶芽：指着生于茎枝顶端的芽。

②腋芽：指着生于叶腋的芽，又叫侧芽。有的植物腋芽的生长位置较低，被覆盖在叶柄基部内，直到叶脱落后才显露出来，称柄下芽，见于刺槐、悬铃木（俗称法国梧桐）、黄檗等植物。

③副芽：一些植物在顶芽或腋芽旁边又生出 1~2 个较小的芽，称副芽，如桃、葡萄。在顶芽或腋芽受伤后，副芽可代替它们发育。

（2）不定芽。不定芽是指无固定生长位置的芽，可以生长在茎的节间、根、叶等部位，而不是从叶腋或茎枝顶端发出。

2. 按有无芽鳞分

（1）鳞芽。鳞芽的外面有鳞片包被，当芽萌发生长后，保护性的鳞片脱落，如樟、杨属植物与柳属植物。

（2）裸芽。裸芽的外面无鳞片包被，见于草本植物和少数木本植物，如薄荷、茄、桉、枫杨、吴茱萸。

3. 按芽的发育性质分

（1）花芽。花芽指发育成花或花序的芽。

（2）叶芽。叶芽指发育成叶或枝的芽，又称枝芽。

（3）混合芽。混合芽指能同时发育成花或花序、枝、叶的芽。

4. 按芽的活动能力分

（1）活动芽。活动芽指能正常发育的芽，形成当年或第二年春即可萌发。

（2）休眠芽。休眠芽又称潜伏芽，即长期保持休眠状态而不萌发的芽。但休眠状态是相对的，休眠芽在一定条件下可以萌发，如树木被砍伐后，树桩上往往由休眠芽萌发出许多新的枝条。

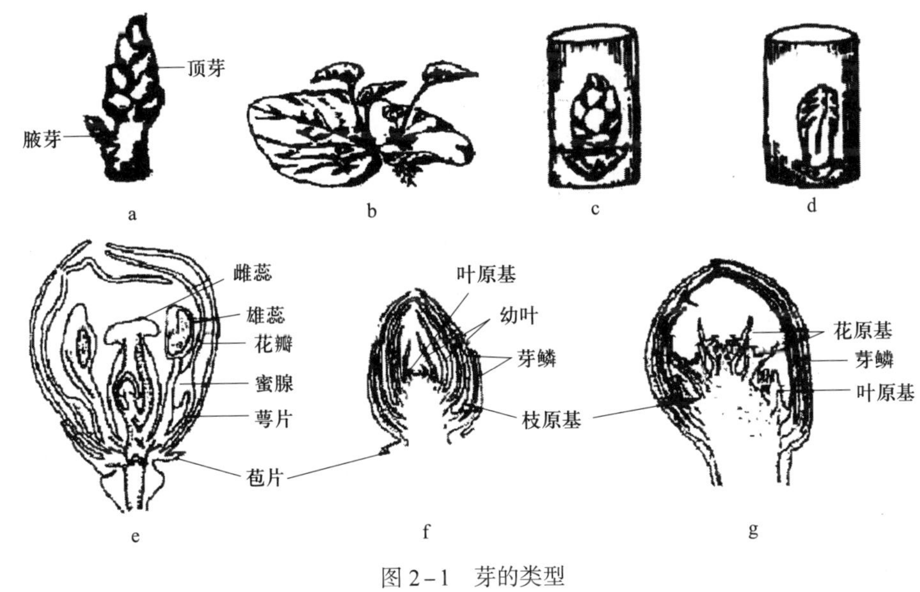

图 2-1　芽的类型

a. 定芽　b. 不定芽　c. 鳞芽　d. 裸芽　e. 花芽　f. 叶芽　g. 混合芽

二、茎的形态

植物的茎一般为圆柱形；但有的植物茎呈方形，如唇形科植物益母草、薄荷、紫苏；也有的呈三角形，如莎草科植物莎草、荆三棱；还有的呈扁平状，如昙花、仙人掌。茎的内部通常是实心的，但也有些植物的茎是空心的，如芹菜、小茴香、南瓜、淡竹叶。

茎的顶端有顶芽，叶腋有腋芽。茎上着生叶和腋芽的部位称节，节与节之间称节间（见图 2-2）。禾本科植物小麦、稻、淡竹、薏苡等的茎具有明显的节和节间，且其节间是中空的，而节却是实心的，故特称为秆。节和节间是茎的主要特征，节上生有芽、叶、花和果实；根则没有节和节间之分，其上也不长芽、叶、花和果实。这是茎与根的主要区别。

一般植物的茎节仅在叶着生的部位稍微膨大，少数植物的茎节明显膨大呈环状，如牛膝、稻、高粱；也有些植物茎节处细缩，如莲藕。不同植物节间长短也不一致，长的可达几十厘米，如南瓜、淡竹；短的甚至不到一毫米，排列成基生的莲座状，如车前、蒲公英、紫花地丁。

着生叶和芽的茎称枝条。有些植物具有两种枝条：一种节间较长，称长枝；一种节间较短，称短枝。有的植物长枝只长叶不开花结果，又称营养枝；短枝一般着生在长枝上，能开花结果，又称果枝，如苹果、银杏、枸杞、山楂。

木本植物的茎枝上还有叶痕、托叶痕、芽鳞痕、维管束痕、皮孔等，这些特征因植物种类而异，常常可以作为鉴别药用植物的依据。叶痕是叶从茎上脱落后留在茎上的疤痕，有心形、半月形、三角形等形状，根据叶痕的数目和排列方式，可以判断叶在茎上的着生情况；托叶痕是托叶脱落后留下的疤痕；芽鳞痕是芽鳞片脱落后留下的疤痕；维管束痕是叶痕内的点状小突起，是叶柄和茎间的维管束断离后留下的痕迹；皮孔是茎枝表面突起的小裂隙，通常呈圆形或椭圆形，常呈浅褐色，是茎与外界进行气体交换的通道。

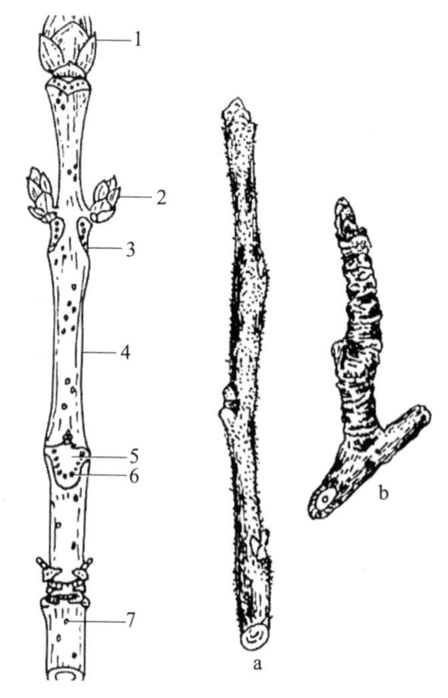

图 2-2　茎的形态

a. 长枝　b. 短枝

1. 顶芽；2. 腋芽；3. 叶痕；4. 节间；5. 叶痕；6. 维管束痕；7. 皮孔。

三、茎的类型

植物的茎随自身质地和生长习性的不同会发生一些变化，使得植物地上部分呈现出丰富多样的形态特征。根据茎的质地和生长习性的不同，可将茎分为不同的类型。

1. 按照茎的质地分

（1）木质茎。木质部发达，质地坚硬的茎称木质茎，具有木质茎的植物称木本植物。木本植物可分为乔木、灌木和木质藤本 3 种类型。

①乔木：植物体主干明显，植株高大，基部少分枝或不分枝，成熟时高度在 5 米以上，如银杏、杜仲、合欢、厚朴。

②灌木：植物体主干不明显，植株矮小，基部长出数个丛生枝干，成熟时高度在 5 米以下，如夹竹桃、紫荆、连翘、刺五加。若其高度在 1 米以下，称小灌木，如六月雪；基部木质化而上部草质化的称亚灌木或半灌木，如牡丹、草珊瑚、草麻黄。

③木质藤本：木质茎细长，需通过旋转缠绕或依赖卷须、钩刺等攀缘他物向上生长的为木质藤本，如葡萄、忍冬、木通、鸡血藤等。

木本植物均为多年生植物。叶在冬季或旱季脱落的，称落叶乔木（如银杏）、落叶灌木（如蔓荆）或落叶木质藤本（如紫藤）；反之，在冬季或旱季不落叶而保持常绿的，称常绿乔木（如荔枝）、常绿灌木（如栀子）或常绿木质藤本（如钩藤）。

（2）草质茎。木质部不发达，质地柔软或肉质肥厚的茎称草质茎，具有草质茎的植物称草本植物。若草本植物的草质茎较长，需缠绕或攀缘他物向上生长，称为草质藤本，如丝瓜、何首乌、牵牛、党参。按草本植物的生命周期，可将其分为一年生草本、二年生草本和多年生草本 3 种类型。

①一年生草本：植物体在一年内完成从种子萌发、开花结果、产生种子到全株枯死的生命周期，如马齿苋、玉米、南瓜、红花、紫苏。

②二年生草本：植物体在两年内完成生命周期，即种子在第一年萌发，在第二年开花结果、产生种子，然后全株枯死，如小麦、萝卜、白菜、益母草。

③多年生草本：植物体完成生命周期需要两年以上。地上部分每年都枯死，地下部分可多年保持生命活力的植物称宿根草本，如人参、何首乌、黄连、桔梗；若植物地上部分多年常绿不枯萎，则称为常绿草本，如麦冬、万年青。

（3）肉质茎。肉质肥厚、柔软多汁的茎称肉质茎，如芦荟、仙人掌、垂盆草。

2. 按照茎的生长习性分

（1）直立茎。不依附他物，直立生长于地面的茎称直立茎（见图 2–3），如松树、银杏、杜仲、女贞。

图 2–3　直立茎（银杏）

（2）缠绕茎。缠绕茎细长，自身不能直立，常缠绕他物呈螺旋状生长（见图 2-4），其中有的呈顺时针方向缠绕，如五味子、忍冬；有的呈逆时针方向缠绕，如牵牛、马兜铃、扁豆；也有的无一定缠绕方向，如何首乌、猕猴桃。

图 2-4　缠绕茎（牵牛）

（3）攀缘茎。茎细长，自身不能直立，需依靠攀缘结构攀附他物生长的茎称攀缘茎（见图 2-5）。攀缘结构包括茎卷须（如黄瓜、栝楼、葡萄）、叶卷须（如豌豆）、吸盘（如爬山虎）、刺（如茜草、葎草）、不定根（如络石、薜荔）等类型。

图 2-5　攀缘茎（黄瓜）

（4）匍匐茎。细长柔弱，平铺于地面蔓延生长，节上生有不定根的茎称匍匐茎（见图 2-6），如草莓、牛筋草、积雪草、连钱草。

图 2-6　匍匐茎（草莓）

（5）平卧茎。细长柔弱，平铺于地面蔓延生长，节上没有不定根的茎称平卧茎（见图2-7），如马齿苋、蒺藜、地锦。

图2-7　平卧茎（马齿苋）

四、变态茎的类型

茎与根一样，为了适应生活环境的变化，常在形态、结构及生理功能等方面发生相应的变化，即茎的变态。茎的变态种类很多，可分为地下茎的变态和地上茎的变态两大类。

1. 地上茎的变态

地上茎的变态主要与同化、保护、攀缘等功能有关，其变态类型有叶状茎、刺状茎、茎卷须、小块茎、小鳞茎和假鳞茎等。

（1）叶状茎。叶状茎也称叶状枝。有些植物的一部分茎或枝变为绿色扁平的叶状，代替叶片进行光合作用，常被误认为叶，而实际上真正的叶已退化或转变为刺（见图2-8），如仙人掌、天冬、竹节蓼。

图2-8　叶状茎（仙人掌）

（2）刺状茎。刺状茎又称枝刺或棘刺。有些植物的部分侧枝特化为刺状结构，坚硬而锐利，具有保护作用。刺状茎有的分枝（见图2-9），如皂荚、枳等；有的不分枝，如山楂、酸橙、木瓜；有的还特化为弯曲的钩状，又称钩状茎（见图2-10），如钩藤。枝刺多生于叶腋，可与叶刺相区别。而有的植物刺是由表皮细胞突起形成的，无固定的生长位置，散生于植物茎上，容易脱落，称为皮刺，与刺状茎不同，如金樱子、月季、玫瑰茎上的刺。

图2-9　刺状茎（皂荚）

图2-10　钩状茎（钩藤）

（3）茎卷须。有些植物的茎枝特化成卷须，柔软并常有分枝，用来攀缘他物向上生长，多生于叶腋，如丝瓜、南瓜、绞股蓝等。葡萄的茎卷须是由顶芽变态而成，腋芽代替顶芽继续发育，使茎呈合轴式生长，而茎卷须则被挤到叶柄对侧（见图2-11）。

图2-11　茎卷须（葡萄）

（4）小块茎。有些植物腋芽或叶柄上的不定芽可发育形成小块茎，常具有繁殖作用（见图2-12），如山药、黄独等叶腋所生的珠芽，半夏三出复叶的总叶柄上所生的不定芽均可发育为小块茎。

图2-12　小块茎（山药）

（5）小鳞茎。有些植物在叶腋或花序处由腋芽或花芽形成小鳞茎，此类小鳞茎也具有繁殖作用（见图2-13）。百合、卷丹的腋芽以及洋葱、大蒜花序中的花芽均可形成小鳞茎。

（6）假鳞茎。茎的基部肉质膨大呈块状或球状的部分称为假鳞茎，为兰科植物特有的变态茎，如石仙桃、羊耳蒜等。

2. 地下茎的变态

生长在地面以下的茎称地下茎。地下茎外形与根相似，日常生活中常被误称为“根”，但其形态和内部结构都保持有茎的特征，即有明显的节与节间，节上长有芽及退化的鳞片叶，与根有显著的区别。地下茎的常见变态类型有根状茎、块茎、球茎和鳞茎。

图2-13　小鳞茎（卷丹）

（1）根状茎。根状茎又称根茎，通常横生于地下，外形似根，具有明显的节与节间，在节上常生有不定根和退化的鳞片叶，具有顶芽和腋芽（见图2-14）。根状茎的形态和节间的长短随植物种类不同而异，有的短而直立，如三七、人参、桔梗；有的细长，如白茅、芦苇、鱼腥草；有的肉质肥厚，如莲藕、姜；有的呈团块状，如川芎、苍术；有的还有明显的茎痕，如黄精。

（2）块茎。块茎与块根相似，常肉质肥大，呈不规则块状，节间短缩，节上有芽或留有退化的鳞片叶，但顶芽不突出（见图2-15），如马铃薯、天南星、半夏、天麻。

图2-14　根状茎（姜）

图2-15　块茎（天麻）

（3）球茎。球茎肉质膨大，呈球形或扁球形，节间短缩，但具有明显的节，节上有膜质的鳞片叶和腋芽，顶端有发达的顶芽，基部生有不定根（见图2-16），如芋头、荸荠、慈姑、泽泻。

（4）鳞茎。鳞茎呈球形或扁球形，茎的节间具有极度缩短呈圆盘状的结构，称鳞茎盘，盘上密生肉质肥厚的鳞叶，并包裹顶芽和腋芽，基部生有不定根。有的鳞茎鳞叶阔，内层被外层完全覆盖，称有被鳞茎（见图2-17），如大蒜、洋葱；有的鳞茎鳞叶狭，呈覆瓦状排列，内层不能被外层完全覆盖，称无被鳞茎，如百合、贝母。

图2-16　球茎（荸荠）

图2-17　有被鳞茎（洋葱）

任务实施

一、任务准备

准备一些代表性植物的茎的标本或挂图，如桑枝（或柳枝）、薄荷（或益母草）、芦荟（或垂盆草、仙人掌）、忍冬（或牵牛）、常春藤、栝楼（或葡萄、丝瓜）、草莓（或连钱草、牛筋草）、地锦（或马齿苋）等植物的地上部分；天冬（或仙人掌）、皂荚（或山楂、木瓜）、钩藤、山药（或半夏）、姜（或白术）、马铃薯（或天南星）、荸荠（或芋头）、洋葱（或蒜、百合）等植物的变态茎等。

二、观察茎的形态和类型

1. 观察桑枝、薄荷、芦荟等植物茎的质地，辨别其属于木质茎、草质茎、肉质茎中的何种类型，并描述其茎的形态和特点。

2. 观察忍冬、葡萄、草莓、地锦等植物茎的生长习性，辨别其属于直立茎、缠绕茎、攀缘茎、匍匐茎、平卧茎中的何种类型，并描述其茎的形态和特点。

三、观察变态茎的形态和类型

1. 观察天冬、皂荚、钩藤、山药等植物地上变态茎的特征，并判断其类型。

2. 观察姜、马铃薯、荸荠、洋葱等植物地下变态茎的特征，并判断其类型。

四、任务测评

按表 2–2 进行任务测评，并做好记录。

表 2–2　任务评分标准

序号	考核内容	考核标准	配分	得分
1	茎的形态	能准确描述茎的一般形态	20	
2	茎的类型	能准确判断茎的类型	40	
3	变态茎的类型	能准确判断变态茎的类型	40	
合计			100	

思考与练习

“十三香”是指由 13 种各具特色香味的中药组成的调味料，包括豆蔻、砂仁、肉豆蔻、肉桂、丁香、花椒、八角茴香、小茴香、木香、白芷、山柰、高良姜、干姜等。请根据所学知识，结合表2-3分析木香、白芷、高良姜、干姜的药用部位是根还是茎。

表2-3　药材及饮片性状

名称	药材	饮片	药用部位
木香			
白芷		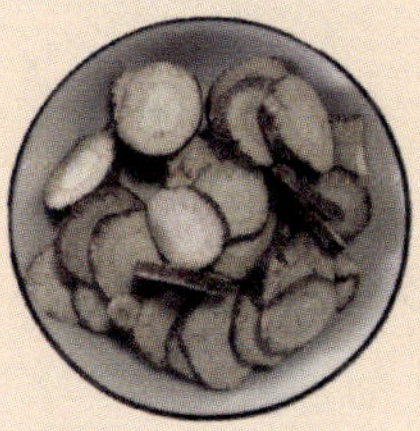	
高良姜			
干姜		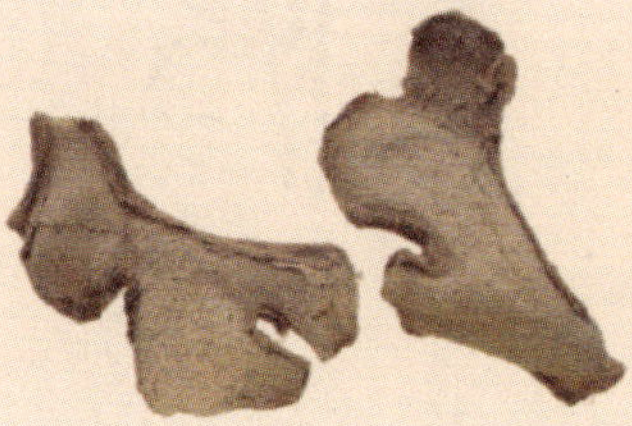	

任务三　识别叶的形态和类型

学习目标

1. 了解叶的作用，熟悉叶的组成、叶和变态叶的类型，掌握复叶与小枝的区别。
2. 通过观察，能准确描述叶的形态并判断其类型。

任务引入

叶主要着生于茎节上，位于芽或枝的外侧，一般呈绿色扁平状，含有大量叶绿体，具有向光性。叶是植物进行光合作用，制造有机养料的重要器官，还负责进行气体交换和蒸腾作用。有的植物叶具有贮藏作用，如百合、贝母的肉质鳞片叶；少数植物的叶具繁殖作用，如秋海棠、落地生根。

叶的用途广泛，如香椿、枸杞的叶可以食用，番泻叶、大青叶、艾叶、桑叶、枇杷叶可以药用，紫苏叶可以做天然染料。少数叶类中药是以叶的某一部位入药，如黄连的叶柄基部入药称剪口连，全叶柄入药称千子连。你还知道哪些叶类中药？它们又属于哪种类型的叶？

相关知识

一、叶的组成和形态

1. 叶的组成

叶起源于茎尖周围的叶原基。发育成熟的叶一般由叶片、叶柄和托叶 3 部分组成（见图 3－1）。同时具备 3 个部分的叶称完全叶，如桃、梨、桑；缺少任何一部分的叶称不完全叶。有些植物的叶缺少叶柄和托叶，如石竹、龙胆；有些植物的叶缺少叶柄，如莴苣、荠菜；有些植物的叶缺少托叶，如女贞、甘薯、樟；有些植物的叶具托叶，但早脱落，称托叶早落。

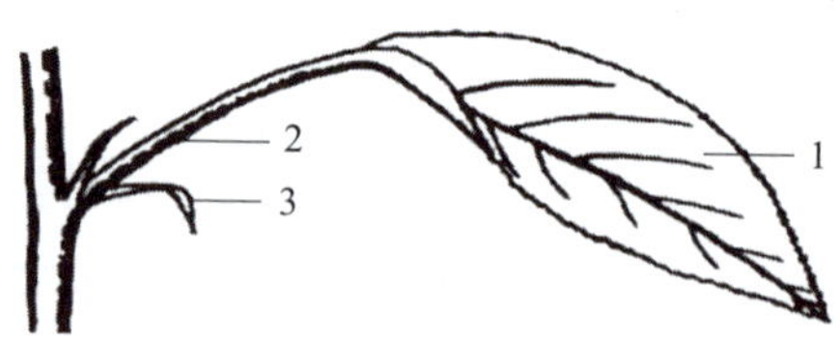

图 3－1　叶的组成

1. 叶片；2. 叶柄；3. 托叶。

（1）叶片。叶片是叶的主要部分，常为绿色而薄的扁平体，质地柔软。叶片的全形称叶形，有上表面（腹面）和下表面（背面）之分，顶端称叶端或叶尖，基部称叶基，边缘称叶缘。叶片中分布的脉纹称叶脉，是叶片中的维管束，起着输导和支持作用。

（2）叶柄。叶柄是连接叶片与茎枝的部分，具有支撑叶片，在叶片与茎间输导水分、无机盐和营养物质的作用。叶柄常呈圆柱形、半圆柱形或扁平状，上表面多有沟槽。叶柄的形态因植物种类的不同而有较大的差异（见图 3－2）。如莲、菱等水生植物的叶柄具有膨胀的气囊以利于浮水；含羞草的叶柄基部具有膨大的关节，称叶枕，能调节叶片的位置和休眠运动；旱金莲的叶柄能围绕各种物体螺旋状扭曲，起攀缘作用；台湾相思的叶片退化，叶柄变成叶片状，以代替叶片的功能，称叶状柄。

有些植物的叶柄基部或叶柄全部扩大成鞘状，称叶鞘。叶鞘部分或全部包裹着茎，可加强茎的支持作用，并保护茎的居间生长和叶腋内的幼芽。前胡、当归、白芷等伞形科植物的叶鞘由叶柄基部扩大形成，淡竹、芦苇、小麦、姜、益智、砂仁等禾本科和姜科植物的叶鞘由相当于叶柄的部位扩大形成（见图 3-3）。

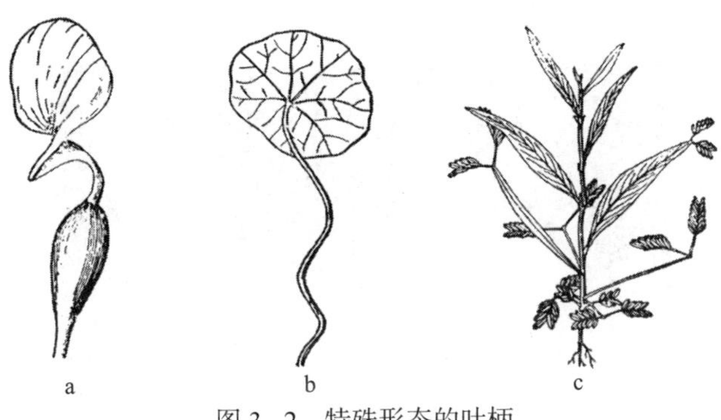

图 3-2　特殊形态的叶柄

a. 凤眼莲　b. 旱金莲　c. 台湾相思

图 3-3　不同形态的叶鞘

禾本科植物在叶鞘与叶片相接处的腹面还有膜状的突起物，称为叶舌，能使叶片向外弯曲，接受更多的阳光，同时可以防止水分、真菌和昆虫等进入叶鞘内；有些禾本科植物在叶舌两侧有一对从叶片基部边缘延伸出来的耳状突出物，称为叶耳。叶耳、叶舌的有无、大小及形状常作为鉴别禾本科植物的重要依据（见图 3-4），如水稻有膜质的叶舌和叶耳，而稗没有。

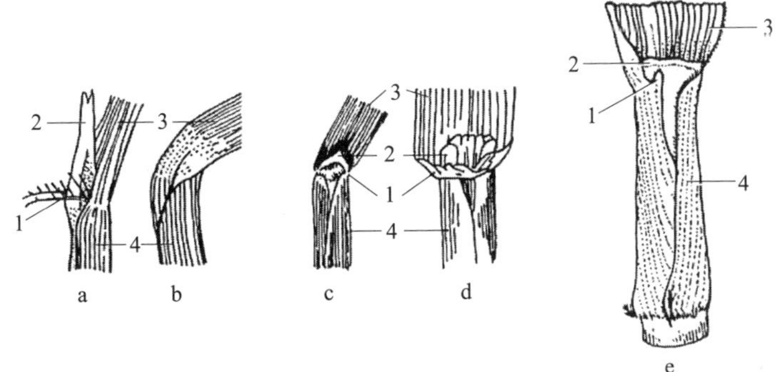

图 3-4　禾本科植物叶鞘与叶片相接处的形态

a. 水稻叶　b. 稗叶　c. 小麦叶　d. 大麦叶　e. 甘蔗叶

1. 叶耳；2. 叶舌；3. 叶片；4. 叶鞘。

有些植物的叶无叶柄，叶片直接着生在茎上，称无柄叶，如石竹。有些无柄叶的叶片基部包围在茎上，称抱茎叶，如苦荬菜的叶（见图3-5）。若无柄叶的叶片基部彼此愈合，被茎贯穿，则称贯穿叶或穿茎叶，如元宝草的叶。

图3-5　抱茎叶（苦荬菜）

（3）托叶。托叶是叶柄基部的附属物，常成对着生于叶柄基部的两侧，往往在叶长成后脱落，只有少数植物不脱落而宿存；也有的植物不具托叶。托叶的形状多种多样（见图3-6），有的植物托叶细小，呈线状，如桑、梨；有的托叶很大，呈叶片状，如豌豆、贴梗海棠；有的托叶与叶柄愈合成翅状，如蔷薇、金樱子；有的托叶呈刺状，如刺槐；有的托叶变态成卷须，如土茯苓、菝葜；有的托叶联合成鞘状，并包围于茎节的基部，称托叶鞘，是蓼科植物的主要特征（见图3-7），如红蓼、何首乌、虎杖。

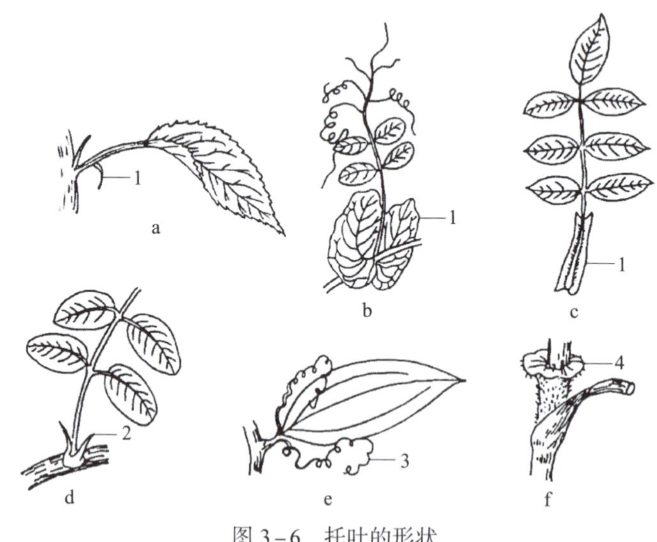

图3-6　托叶的形状

a. 梨　b. 豌豆　c. 蔷薇　d. 刺槐　e. 土茯苓　f. 红蓼

1. 托叶；2. 托叶刺；3. 托叶卷须；4. 托叶鞘。

2. 叶的形态

叶的形态随植物种类的不同而不同，一般同一种植物，叶的形态比较一致，但有时也有差异。叶的形态常作为鉴别植物的依据。若要比较准确地描述叶的形态，应该首先描述叶片的全形，然后分别描述叶尖、叶基、叶缘的形状和叶脉的分布等各部分的形态特征。

图 3-7　蓼科植物的托叶鞘

（1）叶形。叶片的形状主要是根据叶片长度和宽度的比例，以及最宽部位的位置来确定。基本叶形见表 3-1。

表 3-1　　**基本叶形**

叶的全形	长宽相等（或长略大于宽）	长为宽的 1.5 ~ 2 倍	长为宽的 3 ~ 4 倍	长为宽的 5 倍以上
最宽处近叶的基部	阔卵形	卵形	披针形	线形
最宽处近叶的中部	圆形	阔椭圆形	长椭圆形	剑形
最宽处近叶的先端	倒阔卵形	倒卵形	倒披针形	

除上述 11 种基本叶形外，常见的叶形还有针形（如松针）、椭圆形（如杜仲叶、刺槐叶）、心形（如紫荆叶、鱼腥草叶）、匙形（如车前草叶）、盾形（如莲叶、粉防己叶）等。

（2）叶端。叶片的先端称为叶端或叶尖，常见的形状有卷须状、尾尖、渐尖、急尖、钝尖、微凸、微凹、微缺、倒心形等（见图 3-8）。

（3）叶基。叶基常见的形状与叶尖相似，有心形、耳形、箭形、戟形、盾形、截形、偏斜、渐狭、楔形、穿茎等（见图 3-9）。

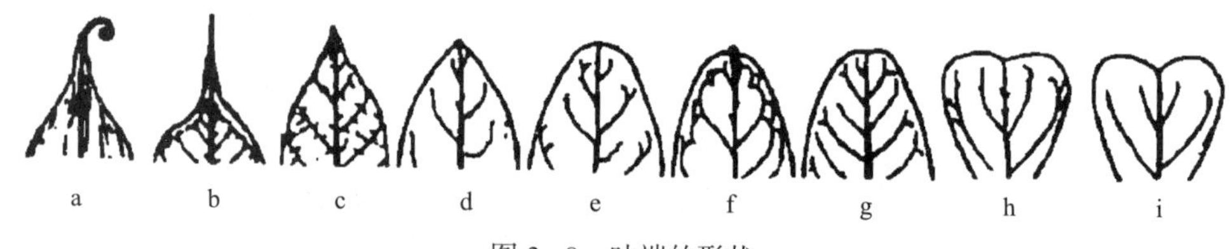

图 3-8　叶端的形状

a. 卷须状　b. 尾尖　c. 渐尖　d. 急尖　e. 钝尖　f. 微凸　g. 微凹　h. 微缺　i. 倒心形

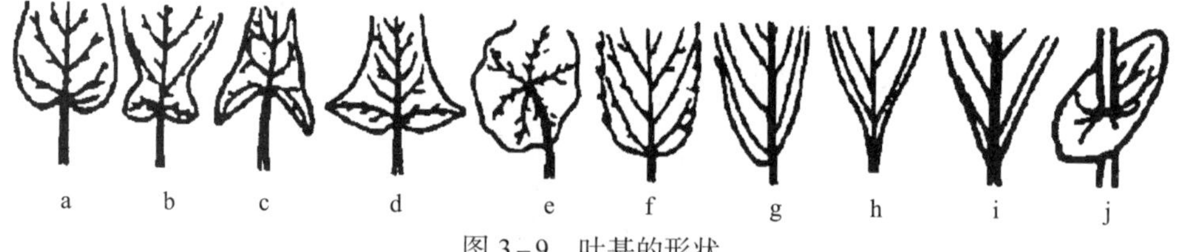

图 3-9　叶基的形状

a. 心形　b. 耳形　c. 箭形　d. 戟形　e. 盾形　f. 截形　g. 偏斜　h. 渐狭　i. 楔形　j. 穿茎

（4）叶缘。叶片生长时，叶的边缘若以均一的速度生长，则叶缘平整，无缺刻或锯齿，为全缘叶；若边缘生长速度不均，有的部位生长较快，有的部位生长缓慢或很早就停止，则使叶缘不平整，呈现各种不同的形态。常见的叶缘类型有全缘、浅波状、深波状、皱波状、圆齿状、锯齿状、细锯齿状、牙齿状、睫毛状、重锯齿状等（见图 3-10）。

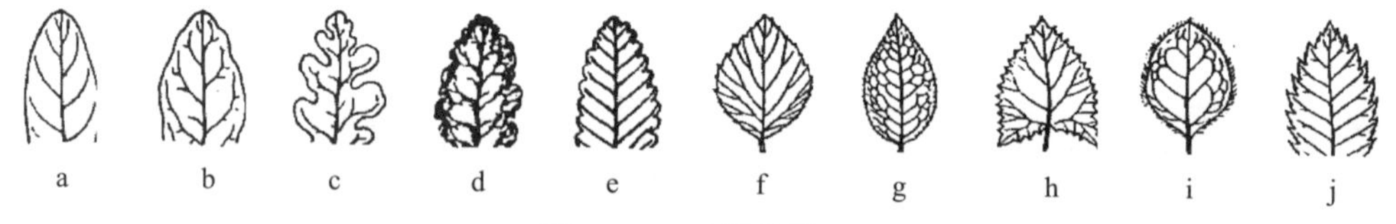

图 3-10　叶缘的类型

a. 全缘　b. 浅波状　c. 深波状　d. 皱波状　e. 圆齿状　f. 锯齿状
g. 细锯齿状　h. 牙齿状　i. 睫毛状　j. 重锯齿状

（5）叶脉。叶脉是贯穿在叶肉中的维管束，具输导与支持作用。叶片中大而明显的叶脉称主脉，中央的主脉称中脉；主脉的分枝称侧脉；侧脉的分枝称细脉。叶脉在叶片上形成的脉纹称脉序。常见的脉序有分叉脉序、网状脉序和平行脉序（见图 3-11）。

①分叉脉序：每条叶脉均呈多级二叉分枝，这是一种比较原始的脉序，常见于蕨类植物和少数裸子植物，如银杏。

②网状脉序：主脉明显，侧脉和细脉分枝呈网状，这是双子叶植物叶脉的特征。网状脉序又可分为掌状网脉和羽状网脉。

a. 掌状网脉：主脉数条，自叶基发出呈掌状排列，侧脉及细脉交织成网状，如葡萄、南瓜、蓖麻。

b. 羽状网脉：主脉 1 条，由主脉分出的侧脉呈羽状排列，如枇杷、桂花、夹竹桃。

③平行脉序：叶脉平行或近于平行分布，是大多数单子叶植物的脉序类型。平行脉序又

有下列 4 种类型：

a. 直出平行脉：叶脉自叶基相互平行发出，直达叶端，如玉米、薏苡、淡竹。

b. 横出平行脉：主脉 1 条，侧脉自主脉两侧横出，彼此平行，直达叶缘，如芭蕉、美人蕉。

c. 射出平行脉：叶脉自叶基向叶端辐射状伸出，如蒲葵、棕榈。

d. 弧形脉：各条叶脉自叶基发出直达叶端，中部呈弧线，如黄精、百部、车前。

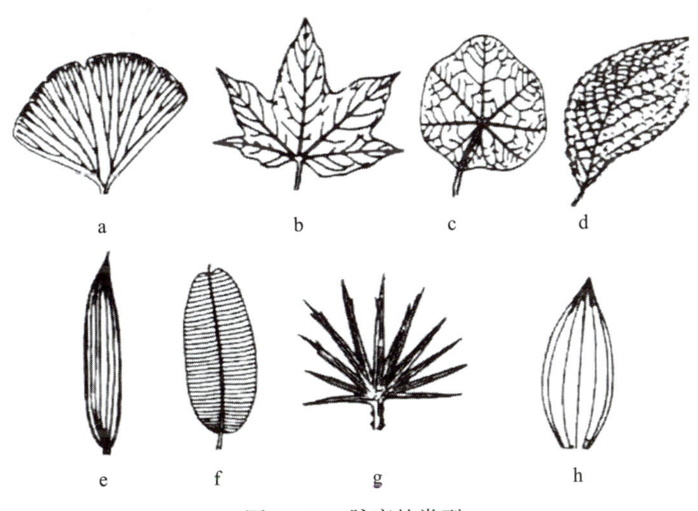

图 3－11　脉序的类型

a. 分叉脉序　b、c. 掌状网脉　d. 羽状网脉　e. 直出平行脉　f. 横出平行脉　g. 射出平行脉　h. 弧形脉

（6）叶片的质地。叶片质地的主要类型见表 3－2。

表 3－2　　叶片质地的主要类型

类型	特征	示例植物
膜质	叶片薄而半透明	半夏
干膜质	叶片干薄而脆，不呈绿色	草麻黄
纸质	叶片柔韧而较薄，似纸张	紫苏
草质	叶片薄而柔软	薄荷、商陆、藿香
革质	叶片稍厚而较坚韧，上面常有光泽，略似皮革	枸骨、枇杷、广玉兰
肉质	叶片肥厚多汁	芦荟、马齿苋、红景天

（7）叶片的分裂。植物的叶片通常是完整的，或仅叶缘具齿或细小缺刻；但有些植物的叶片叶缘缺刻深而大，使叶片呈分裂状态。常见的叶片分裂有三出分裂、掌状分裂和羽状分裂 3 种。依据叶片裂隙的深浅不同，一般又可分为浅裂、深裂和全裂（见图 3－12）。

①浅裂：裂隙深度不超过或接近叶片宽度的 1/4，如药用大黄（见图 3－13）。

②深裂：裂隙深度超过整个叶片宽度的 1/4，但不超过叶片宽度的 1/2，如葎草、蒲公英、唐古特大黄、荆芥（见图 3－14）。

图 3－12　叶片的分裂

Ⅰ. 浅裂　Ⅱ. 深裂　Ⅲ. 全裂

a. 三出浅裂　b. 三出深裂　c. 三出全裂　d. 掌状浅裂　e. 掌状深裂

f. 掌状全裂　g. 羽状浅裂　h. 羽状深裂　i. 羽状全裂

图 3－13　浅裂（药用大黄）

图 3－14　深裂（唐古特大黄）

③全裂：裂隙深度几乎达到叶的主脉基部或两侧，形成数个全裂片，如大麻、白头翁。

二、叶的类型

植物的叶有单叶和复叶两类。

1. 单叶

单叶指 1 个叶柄上只着生 1 个叶片的叶，如厚朴、桑、女贞、樟。

2. 复叶

复叶指 1 个叶柄上着生有 2 个或 2 个以上小叶片的叶，如五加、白扁豆。复叶的叶柄称总叶柄，总叶柄以上着生叶片的轴状部分称叶轴；复叶上的每片叶子称小叶，其叶柄称小叶柄（见图 3－15）。

从来源看，复叶是由单叶的叶片分裂而成的，即当叶片分裂深达主脉或叶基并具小叶柄时，便形成了复叶。根据小叶的数目和小叶在叶轴上排列的方式，复叶又可分为以下几种类型（见图 3－16）：

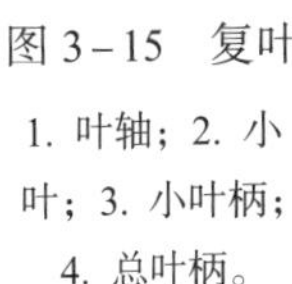

图 3－15　复叶

1. 叶轴；2. 小叶；3. 小叶柄；4. 总叶柄。

（1）三出复叶。叶轴上着生有 3 片小叶的复叶称三出复叶。若顶生小叶具有小叶柄，称羽状三出复叶，如大豆、胡枝子。若顶生小叶无柄，称掌状三出复叶，如酢浆草、半夏。

（2）掌状复叶。掌状复叶的叶轴缩短，在其顶端集生 3 片以上小叶，呈掌状展开，如五加、人参。

（3）羽状复叶。羽状复叶的叶轴长，小叶片在叶轴两侧排成羽毛状。若羽状复叶的叶轴顶端生有 1 片小叶，称奇（单）数羽状复叶，如甘草、苦参、黄檗、盐肤木；若羽状复叶的叶轴顶端生有 2 片小叶，称偶（双）数羽状复叶，如决明、皂荚、落花生。叶轴不分枝的羽状复叶统称一回羽状复叶；叶轴羽状分枝一次，形成许多侧生小叶轴，在小叶轴上又形成羽状复叶，称二回羽状复叶，如合欢、云实、含羞草；叶轴羽状分枝二次，第二级分枝上又形成羽状复叶，称三回羽状复叶，如南天竹、苦楝；三回以上的羽状复叶，统称多回羽状复叶。

（4）单身复叶。单身复叶的叶轴上只具有 1 个叶片，是一种特殊形态的复叶，可能是由三出复叶两侧的小叶退化成翼状形成，其顶生小叶与叶轴连接处具一明显的关节，如芸香科柑橘属植物。

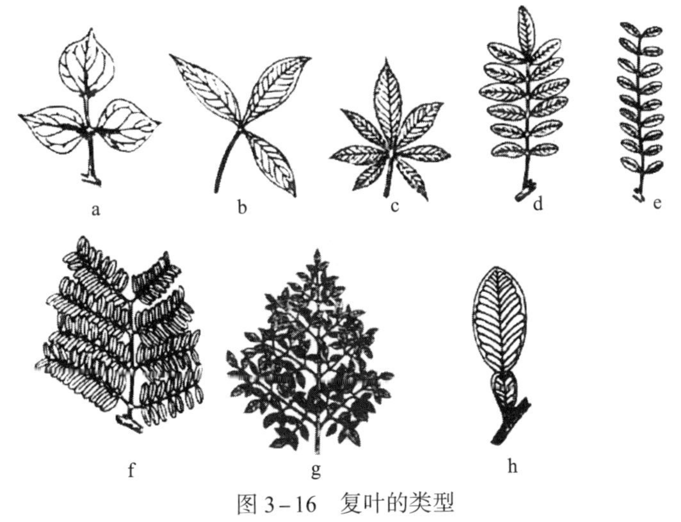

图 3－16　复叶的类型

a. 羽状三出复叶　b. 掌状三出复叶　c. 掌状复叶　d. 奇数羽状复叶
e. 偶数羽状复叶　f. 二回羽状复叶　g. 三回羽状复叶　h. 单身复叶

复叶易和生有单叶的小枝混淆，在识别时首先应弄清叶轴和小枝的区别。第一，叶轴的顶端无顶芽，而小枝的顶端具顶芽；第二，小叶的腋内无腋芽，总叶柄的基部才有芽，而小枝每一单叶的叶腋内均有芽；第三，复叶上的小叶通常排列在同一平面上，而小枝上的单叶与小枝常成一定的角度；第四，复叶脱落时，整个复叶由总叶柄处脱落，或小叶先脱落，然后叶轴连同总叶柄一起脱落，而小枝不脱落，只有叶脱落。具全裂叶片的单叶，其裂口虽可达叶柄，但不形成小叶柄，故易与复叶区分。

三、异形叶性

通常情况下，每种植物叶的形状是一致的，但少数植物在同一植株上却有不同形状的叶，这种现象称为异形叶性。异形叶性的发生，有两种情况。一种是叶因植株生长年限不同而叶形各异，如益母草的基生叶近似圆形，中部叶椭圆形且掌状分裂，而顶生叶为线形且不分裂（见图 3－17）；人参一年生者有 1 枚三出复叶，两年生者有 1 枚掌状复叶，三年生者有 2 枚掌状复叶，四年生者有 3 枚掌状复叶，五年生者有 4 枚掌状复叶，以后每年递增 1 枚掌状复叶，最多可达 6 枚（见图 3－18）。另一种是由外界环境引起叶的形态发生变化，如慈姑的气生叶呈箭形，漂浮叶呈椭圆形，沉水叶呈线形等。

a

b

图 3－17　益母草的异形叶性

a. 基生叶　b. 中部叶和顶生叶

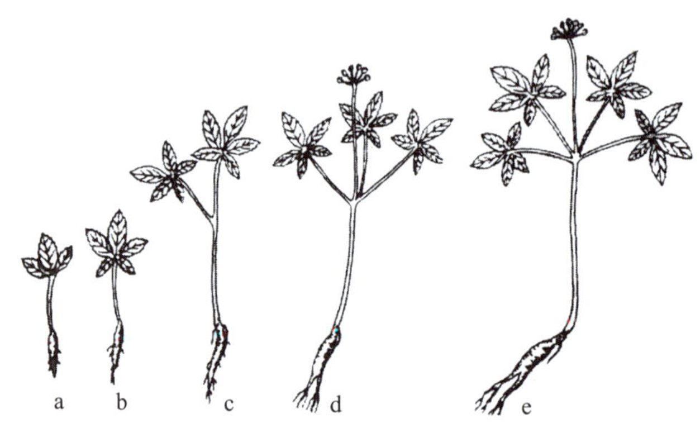

图 3－18　不同年龄人参的形态

a. 一年生　b. 二年生　c. 三年生　d. 四年生　e. 五年生

四、叶序

叶在茎枝上的排列次序或方式，称为叶序，叶序的类型见表 3－3 和图 3－19。

表 3-3　叶序的类型

类型	特征	示例植物
互生	茎枝的每个节上只生 1 片叶，各叶交互而生，常沿茎枝螺旋状排列	柳、桑、樟
对生	茎枝的每个节上相对着生 2 片叶。相邻节上的对生叶排列成十字形者称为交互对生，对生叶排列在茎的两侧呈二列者称为二列对生	忍冬、薄荷、龙胆（交互对生），水杉、小叶女贞（二列对生）
轮生	茎枝的每个节上着生 3 片及 3 片以上的叶	夹竹桃、直立百部、萝芙木、轮叶沙参
簇生	2 片及 2 片以上的叶着生于短枝上呈簇状。基生为簇生的一种，因茎的节间极度缩短而不明显，其上着生的叶恰似从根上长出	银杏、金钱松、枸杞（簇生），车前、蒲公英（基生）

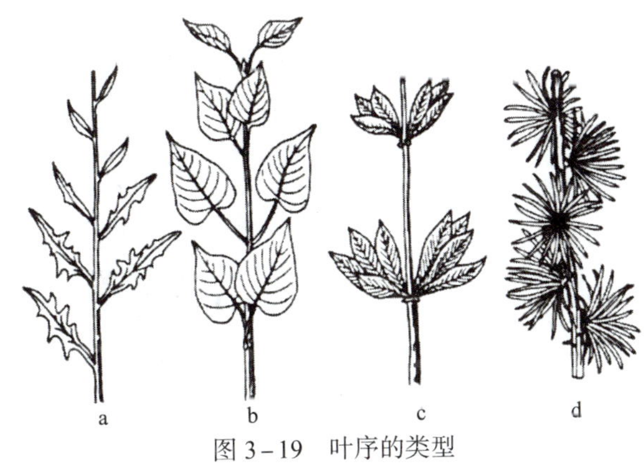

图 3-19　叶序的类型

a. 互生　b. 对生　c. 轮生　d. 簇生

同一植物可以同时存在 2 种及 2 种以上的叶序，如桔梗的叶序有互生、对生及三叶轮生，栀子的叶序有对生和三叶轮生。

五、叶的变态

在环境条件的影响下，叶与根、茎一样会形成各种变态，常见的有以下几种：

1. 苞片

苞片指生于花或花序下面的变态叶。围于花序基部 1 至多层的苞片合称总苞，总苞中的各个苞片称总苞片；花序中每朵小花的花柄上或花的花萼下较小的苞片称小苞片。苞片的形状多与普通叶不同，常较小，呈绿色，也有形大而呈各种颜色的。总苞的形状和轮数的多少，常作为种属鉴别的依据，如壳斗科植物的总苞常在果期硬化成壳斗状，成为该科植物的主要特征之一；蒲公英、菊花等菊科植物的头状花序基部由多个绿色总苞片组成总苞；鱼腥草由 4 片白色的花瓣状总苞片组成总苞；天南星、半夏等天南星科植物的肉穗花序外面，常围有一片大型的总苞片，称佛焰苞（见图 3-20）。

图 3-20　佛焰苞（天南星）

2. 鳞叶

特化或退化成鳞片状的叶，称鳞叶或鳞片。鳞叶可分为膜质和肉质两种。膜质鳞叶菲薄，干燥而脆，一般不呈绿色，是退化的叶，如麻黄的叶、洋葱鳞茎外层包被的鳞叶、姜根状茎和荸荠球茎上的鳞叶，以及木本植物的冬芽（鳞芽）外的褐色鳞片叶。肉质鳞叶肥厚，能贮藏营养物质，可供次年发芽、开花用，也可食用或药用，如百合、洋葱、贝母等鳞茎上的肥厚鳞叶（见图 3-21）。

图 3-21　肉质鳞叶（百合）

3. 刺状叶

叶片或托叶变态成坚硬刺状的叶称刺状叶，起保护或适应干旱环境的作用（见图 3-22）。如小檗属植物的叶变态为刺状，通常三分叉，俗称“三棵针”；仙人掌的叶亦退化成针刺状；红花、枸骨上的刺是由叶尖、叶缘变成的；刺槐、酸枣的刺是由托叶变成的。根据刺的来源及生长位置的不同，可区分刺状叶、刺状茎或皮刺。

图 3-22　刺状叶（红花）

4. 叶卷须

全部或一部分变为卷须的叶，称叶卷须，可用于攀缘他物（见图 3-23）。如豌豆的卷须是由顶端的小叶变成的，菝葜的卷须是由托叶变成的。根据卷须的来源和生长部位也可区分叶卷须与茎卷须。

图 3-23 叶卷须（豌豆）

5. 捕虫叶

食虫植物为捕食昆虫以满足其对氮的需求，叶片形成囊状、盘状或瓶状等捕虫结构，上有许多能分泌消化液的腺毛或腺体，并有感应性，当昆虫触及时，能立即闭合或靠黏液将昆虫捕获，再用消化液将其消化，如捕蝇草、茅膏菜、猪笼草（见图 3-24）。

a

b

图 3-24 捕虫叶

a. 捕蝇草 b. 猪笼草

任务实施

一、任务准备

准备一些代表性植物的叶的标本或挂图，如银杏、麦冬、桑（或梨）、苦荬菜、蓖麻（或南瓜）、淡竹（或薏苡）、大豆（或半夏）、决明（或皂荚）、合欢（或云实）、柚（或柑橘）、车前、芭蕉、棕榈（或蒲葵）、枇杷、薄荷（或藿香）、芦荟（或红景天）、柳、向日葵（或野芋）、百合（或荸荠）、姜、酸枣（或刺槐）、豌豆（或菝葜）、猪笼草（或捕蝇草）等。

二、观察叶的形态和类型

1. 观察银杏、麦冬、桑、苦荬菜等的叶，辨别其叶片形状和叶脉类型，描述其叶片全形、叶尖、叶基和叶序类型。

2. 观察大豆、决明、合欢、柚等植物的叶，判断其叶的类型并描述特征。

三、观察变态叶的形态和类型

观察向日葵、百合、姜、豌豆、酸枣、猪笼草等植物叶的形态，判断其变态叶的类型，注意刺的来源和生长部位，以及与刺状茎、皮刺的区别。

四、任务测评

按表 3–4 进行任务测评，并做好记录。

表 3–4　任务评分标准

序号	考核内容	考核标准	配分	得分
1	叶的形态和叶脉类型	能准确描述叶的形状和叶脉类型	20	
2	叶的类型	能准确判断叶的类型	40	
3	变态叶的类型	能准确判断变态叶的类型	40	
合计			100	

思考与练习

叶子花又称“三角梅”，原产巴西，当地妇女常把花朵别在头上作装饰，象征热情好客。中国广州、厦门等地随处可见叶子花的身影，它的花从春末一直开到初冬，能形成花瀑一样的景观，异常吸引人（见图 3–25）。

图 3–25　叶子花

叶子花的“花朵”有红色和白色两种，其中一个为苞片，一个为真正的花（见图 3–26），请结合本任务所学知识，判断哪个为苞片，哪个为花。

图 3-26　叶子花的苞片和花

任务四　识别花的形态和类型

学习目标

1. 了解花程式的书写方法，熟悉花和花序的类型，掌握花的组成、花各部分的形态特征和类型。

2. 通过观察，能准确描述花及花序的形态并判断其类型。

任务引入

花是种子植物特有的繁殖器官。植物通过开花、传粉、受精，形成果实或种子，繁衍后代。不同种子植物花的特化程度不同，其中裸子植物的花比较原始，无花被，单性，集成雄球花和雌球花；被子植物的花高度进化，构造较复杂。一般有花植物是指被子植物，通常所述的花指被子植物的花。

花的形态和构造因植物种类不同而不同，但其形态构造特征较其他器官稳定，变异较小，植物在长期进化过程中发生的变化，也往往从花的构造方面有所反映。因此，掌握花的特征，对于植物分类研究、中药材的原植物鉴定等具有重要意义。以花入药的中药有很多，如金银花、丁香、辛夷以花蕾入药，槐花、洋金花以开放的花入药，蒲黄、松花粉以花粉入药，菊花、旋覆花以花序入药。

相关知识

一、花的组成和形态

花由花芽发育而成，是一种节间极度缩短、适应生殖的变态短枝。典型的被子植物花一般由花梗、花托、花萼、花冠、雄蕊群和雌蕊群 6 部分组成（见图 4-1）。花梗和花托相当于枝的部分，花萼、花冠、雄蕊群和雌蕊群相当于叶的部分。花萼和花冠合称为花被，具保护和引诱昆虫传粉等作用。雄蕊群和雌蕊群具生殖功能，是花中最重要的部分。

图 4-1　花的组成（模式图）

1. 花梗

花梗又称花柄，是花与茎枝或花轴相连接的部分，通常呈柱状，绿色。花梗的长短、粗细常因植物种类而异。

2. 花托

花托是花梗顶端稍膨大的部分，一般呈平坦或稍凸起的圆顶状，花的其他部分着生在花托上。花托的特殊形状见表 4-1。

表 4-1　花托的特殊形状

花托的特殊形状	示例植物
圆柱状	厚朴、荷花、玉兰
圆锥状	草莓
倒圆锥状	莲
凹陷呈杯状	金樱子、蔷薇
花托顶部形成肉质增厚部分，并可分泌蜜汁，称花盘	柑橘
花托在雌蕊群基部向上延伸成一柱状体，称雌蕊柄	落花生
花托在花冠以内的部分延伸成一柱状体，称雌雄蕊柄	西番莲

3. 花被

花被由花萼和花冠两部分组成。当植物的花萼和花冠形态、颜色相似，不易区分时，可统称为花被，如百合、黄精。

（1）花萼。花萼位于花的最外层或最下层，通常为绿色。构成花萼的片状体称萼片，以3～5枚为多见，常比内轮的花瓣小。常见花萼的类型见表4-2和图4-2。

表4-2　　花萼的类型

类型	特征	示例植物
离生萼	萼片彼此完全分离	野老鹳草
合生萼	萼片中下部彼此连合，连合部分称萼筒或萼管，分离部分称萼齿或萼裂片	曼陀罗
宿存萼	花枯萎后花萼仍存在，并随果实一起增大	柿、茄
早落萼	花开放前花萼即脱落	虞美人
瓣状萼	萼片大而鲜艳似花瓣	乌头、铁线莲
副萼	花萼外侧有一轮绿色似萼片的苞片	木芙蓉、草莓
冠毛	多数菊科植物的花萼细裂成毛状	蒲公英、大吴风草
距	合生萼的萼筒向外延长成管状或囊状的突起	凤仙花

图4-2　花萼的类型

a. 离生萼（野老鹳草） b. 合生萼（曼陀罗） c. 宿存萼（柿）
d. 副萼（木芙蓉） e. 冠毛（蒲公英） f. 距（凤仙花）

（2）花冠。花冠位于花萼内侧，是所有花瓣的统称。花冠通常大于花萼，质较薄，颜色各异，但绿色较少见。花冠各瓣彼此完全分离者称离瓣花冠，如桃、杏、洋槐；花瓣彼此连合者称合瓣花冠，其连合部分称花冠筒或花冠管，分离部分称花冠齿或花冠裂片，如牵牛、辣椒。花瓣基部延长成管状或囊状亦称距，如紫花地丁、延胡索。

花瓣形状、大小的变化使整个花冠呈现出特定的形状，成为不同类别植物独有的特征。常见的花冠类型见表4-3和图4-3。

表 4-3　花冠的类型

类型	特征	示例植物
蔷薇形花冠	花瓣 5 枚，离生，雄蕊多数，形成辐射对称的花	桃
十字形花冠	花瓣 4 枚，离生，排列呈十字形	油菜
蝶形花冠	花瓣 5 枚，分离，排列成蝶形。最上 1 枚花瓣最大且位于最外侧，称旗瓣；侧面 2 枚较小称翼瓣；最下且最内侧的 2 枚下缘稍合生而状如龙骨，称龙骨瓣。若最上的旗瓣最小且位于最内侧，最下的龙骨瓣最大且位于最外侧，称假蝶形花冠	蚕豆（蝶形花冠）、决明（假蝶形花冠）
钟形花冠	花冠筒宽而稍短，上部扩大成钟形	桔梗
辐状花冠	花冠筒短，裂片由基部向四周扩展，形如车轮	枸杞、茄
管状花冠	花瓣合生，花冠筒细长，花冠裂片沿花冠筒方向伸出	大吴风草
舌状花冠	花瓣基部连合成一短筒，上部向一侧延伸成扁平舌状	蒲公英
高脚碟状花冠	花冠下部细长呈管状，上部水平展开呈碟状，整体呈高脚碟子状	丁香、长春花
漏斗状花冠	花冠筒较长，自下向上逐渐扩大，上部外展呈漏斗状	打碗花、蕹菜
坛状花冠	花冠合生，下部膨大成卵形或球形，上部收缩成一短颈，顶部裂片向外展	小叶南烛、蓝莓
唇形花冠	花冠下部合生呈管状，上部向一边张开稍呈二唇形，上面（后面）2 枚裂片部分合生为上唇，下面（前面）3 枚裂片为下唇	益母草、丹参

图 4-3　花冠的类型

a. 蔷薇形花冠（桃）　b. 十字形花冠（油菜）　c. 蝶形花冠（蚕豆）　d. 钟形花冠（桔梗）
e. 辐状花冠（茄）　f. 管状与舌状花冠（大吴风草）　g. 高脚碟状花冠（长春花）
h. 漏斗状花冠（蕹菜）　i. 坛状花冠（小叶南烛）　j. 唇形花冠（丹参）

（3）花被卷叠式。花被卷叠式是指花被各片之间的排列形式及关系，在花蕾即将绽开时尤为明显。植物种类不同，其花被卷叠式也不一样，常见花被卷叠式的类型见表 4-4 和图 4-4。

表 4-4　花被卷叠式的类型

类型	特征	示例植物
镊合状	花被各片的边彼此接触排成一圈	桔梗
内向镊合	花被各片的边缘微向内弯	沙参

续表

类型	特征	示例植物
外向镊合	花被各片的边缘微向外弯	蜀葵
旋转状	花被各片彼此以一边重叠呈回旋形状	夹竹桃、黄栀子
覆瓦状	花被片边缘彼此覆盖，但其中有1片完全在外，1片完全在内	山茶
重覆瓦状	覆瓦状排列的花被片中，有2片完全在外，2片全在内	野蔷薇、桃、杏

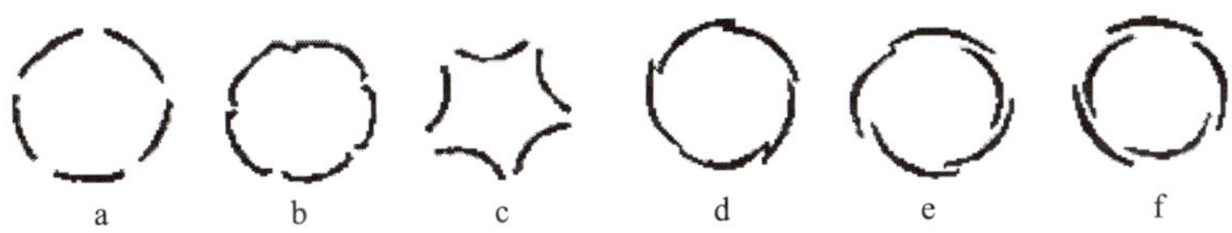

图4-4　花被卷叠式的类型

a. 镊合状　b. 内向镊合状　c. 外向镊合状　d. 旋转状　e. 覆瓦状　f. 重覆瓦状

4. 雄蕊群

雄蕊群是一朵花中所有雄蕊的总称，位于花被的内侧，着生于花托或花冠上。雄蕊的数目因植物种类而异，通常与花瓣同数或为其倍数。

（1）雄蕊的组成。典型的雄蕊由花丝和花药两部分组成。

①花丝：雄蕊下部细长的柄状部分，其粗细、长短因植物种类而异，如合欢的花丝特别长，细辛的花丝特别短小。

②花药：花丝顶端膨大的囊状体，通常由4个或2个花粉囊（药室）组成，分为两半，中间为药隔。花粉囊内产生许多花粉，花粉成熟后，花药以各种方式自行裂开，散出花粉粒。花药的开裂方式见表4-5和图4-5。

表4-5　花药的开裂方式

开裂方式	特征	示例植物
纵裂	花粉囊沿纵轴开裂，花粉粒从缝中散出	水稻、百合
瓣裂	花粉囊上形成1～4个向外展开的小瓣，成熟时，小瓣向上掀起，花粉粒散出	香樟、淫羊藿
孔裂	花粉囊顶部开1小孔，花粉从小孔中散出	茄、杜鹃
横裂	花粉囊沿中部横裂，花粉粒从缝中散出	蜀葵、木槿

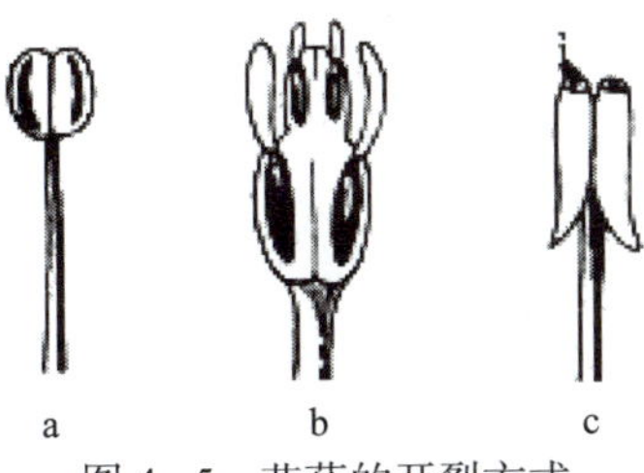

图4-5　花药的开裂方式

a. 纵裂　b. 瓣裂　c. 孔裂

花药在花丝上的着生方式有多种，见表 4-6 和图 4-6。

表 4-6　花药的着生方式

着药方式	特征	示例植物
丁字着药	花丝顶端与花药背面的一点相连，整个雄蕊犹如丁字形	百合、卷丹、水稻
个字着药	花药基部张开，上部着生于花丝顶端，呈个字状	泡桐、地黄
广歧着药	花药完全分离呈直线，着生于花丝顶端	益母草、薄荷
全着药	花药全部着生在花丝上	紫玉兰
基着药	花药基部着生于花丝顶端	樟、茄
背着药	花药的背部着生于花丝上	杜鹃、马鞭草

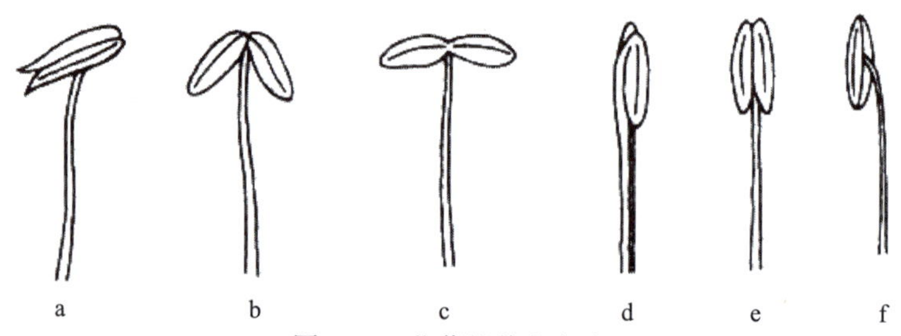

图 4-6　花药的着生方式

a. 丁字着药　b. 个字着药　c. 广歧着药　d. 全着药　e. 基着药　f. 背着药

（2）雄蕊的类型。花中雄蕊的数目、长短、离合及排列等因植物种类而异，常见雄蕊的类型见表 4-7 和图 4-7。

表 4-7　雄蕊的类型

类型	特征	示例植物
离生雄蕊	雄蕊多数或定数，互相分离	杜鹃、桃
四强雄蕊	雄蕊 6 枚，分离，其中 4 枚花丝较长，2 枚花丝较短	油菜、萝卜
二强雄蕊	雄蕊 4 枚，分离，其中 2 枚花丝较长，2 枚花丝较短	泡桐、紫苏
冠生雄蕊	雄蕊花丝与花冠结合，而花药与花冠分离	泡桐、钩藤
聚药雄蕊	雄蕊的花药连合成筒状，花丝分离	大吴风草、蒲公英
单体雄蕊	雄蕊的花丝连合成 1 束，呈筒状，花药分离	木芙蓉、朱槿
二体雄蕊	雄蕊的花丝连合成 2 束，花药分离。有的雄蕊 10 枚，9 枚连合，1 枚分离，如豆科植物；有的雄蕊 6 枚，每 3 枚连合，成为 2 束，如罂粟科植物	白车轴草、蚕豆，紫堇、延胡索
多体雄蕊	雄蕊多数，花丝连合成数束，花药分离	金丝桃、元宝草

5. 雌蕊群

雌蕊群是一朵花中所有雌蕊的总称，位于花的中央或花托顶部。

（1）雌蕊的组成。雌蕊由子房、花柱、柱头 3 部分组成。

①子房：雌蕊基部膨大的部分，常呈椭圆形、卵圆形或其他形状。子房的外壁为子房壁，子房壁内的空腔为子房室，子房室内着生胚珠。

图 4-7　雄蕊的类型

a. 离生雄蕊（桃） b. 四强雄蕊（油菜） c. 二强雄蕊 / 冠生雄蕊（泡桐） d. 聚药雄蕊（大吴风草）
e. 单体雄蕊（木芙蓉） f. 二体雄蕊（白车轴草） g. 多体雄蕊（金丝桃）

②花柱：连接子房与柱头的细长部分，也是雄蕊中花粉进入子房的通道。花柱的粗细、长短因植物种类而异，如玉米的花柱细长如丝，莲的花柱很短，罂粟、木通则无花柱。有些植物的花柱插生于纵向分裂的子房基部，称花柱基生，如益母草、丹参等唇形科植物；另有少数植物的雄蕊与花柱合生成一柱状体，称合蕊柱，如马兜铃、白及等。

③柱头：位于花柱的顶端，是承受花粉的地方，通常膨大或扩展成各种形状，如头状、盘状、星状、羽毛状、分枝状等。其表面多不平滑，并有分泌黏液的功能，有利于花粉的固着与萌发。

（2）雌蕊的类型。雌蕊是由心皮构成的，心皮是一种适应生殖的变态叶。心皮的边缘相当于叶缘部分，当心皮卷合形成雌蕊时，其边缘的合缝线称腹缝线，胚珠常着生于腹缝线上；心皮背部相当于主脉的部分称背缝线（见图 4-8）。常依据腹缝线和背缝线的数目来判定组成雌蕊的心皮数目。雌蕊的类型根据组成雌蕊的心皮数目可分为 3 种，见表 4-8 和图 4-9。

表 4-8　雌蕊的类型

类型	特征	示例植物
单雌蕊	由 1 个心皮构成的雌蕊，1 朵花中仅有 1 个	桃、杏
离生雌蕊	1 朵花内生 2 至多数离生的单雌蕊，又称离生心皮雌蕊	八角茴香、草莓
复雌蕊	由 2 个以上心皮彼此连合构成的雌蕊，又称合生心皮雌蕊	百合、橘

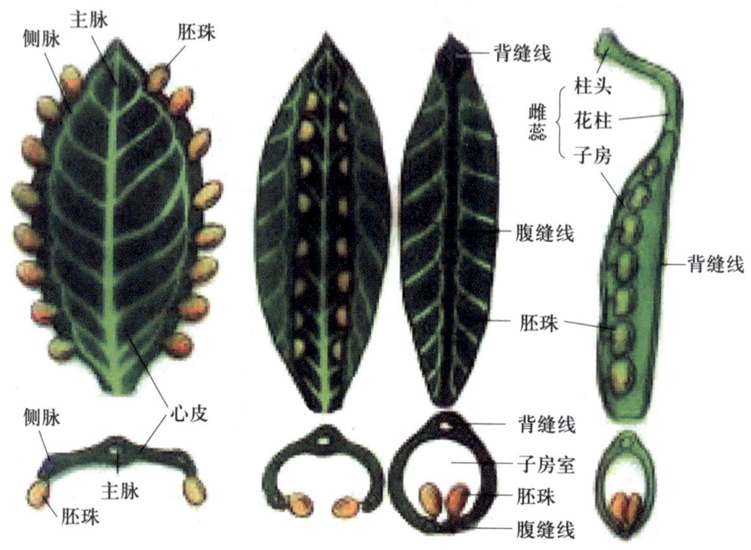

图 4-8 心皮形成雌蕊的过程示意

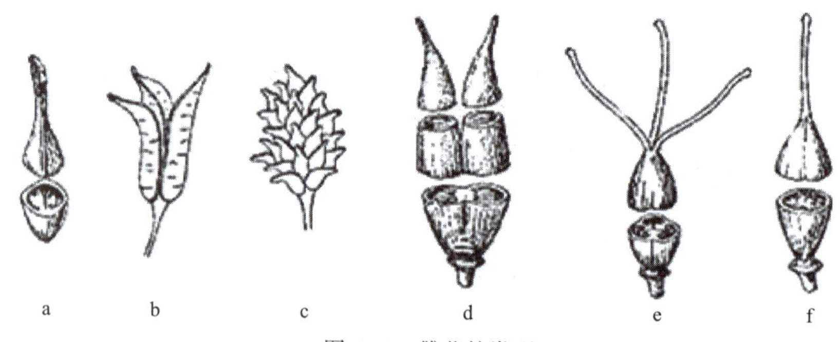

图 4-9 雌蕊的类型

a. 单雌蕊 b. 三心皮离生雌蕊 c. 多心皮离生雌蕊 d. 二心皮复雌蕊 e、f. 三心皮复雌蕊

（3）子房的位置与花位。子房的位置是根据子房与花托的愈合程度来确定的；而花位则是指花被及雄蕊的着生位置，常以其着生点与子房的位置关系来确定。子房的位置与花位见表 4-9 和图 4-10。

表 4-9　子房的位置与花位

子房位置	子房特征与花位	示例植物
子房上位	子房仅底部与花托相连。花托扁平或突起，花被和雄蕊群均着生于子房下方的花托上，这种花称下位花	百合、油菜
	花托凹陷呈杯状，子房着生于杯状花托的中央，但不与花托愈合，花被和雄蕊群着生于杯状花托边缘，这种花称周位花	桃、杏
子房半下位	子房下半部与凹陷的花托愈合，上半部外露。花被和雄蕊群着生于花托的边缘，这种花称周位花	党参、桔梗
子房下位	子房全部生于凹陷的花托内，并与花托完全愈合。花被和雄蕊群着生于子房上方的花托边缘，这种花称上位花	梨、栝楼

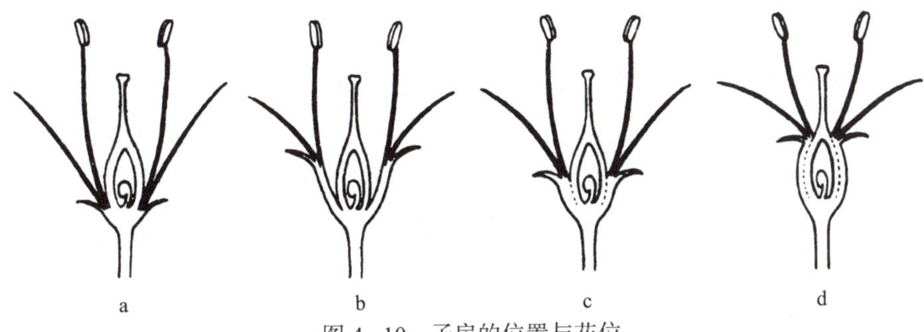

图 4－10　子房的位置与花位

a. 子房上位（下位花） b. 子房上位（周位花） c. 子房半下位（周位花） d. 子房下位（上位花）

（4）子房的室数。子房室数由心皮数目及其结合状态决定。单雌蕊的子房只有 1 室。复雌蕊的子房可以是 1 室，即各个心皮彼此在边缘连合而不向子房室内延伸；也可以是多室，即各个心皮边缘向内延伸，在中心连合形成与心皮数相等的子房室数；还可以是假多室，即有的子房室可能被假隔膜（花托伸入两心皮边缘连合处产生的隔膜）完全或不完全地分隔，如十字花科、唇形科植物。

（5）胎座。胚珠在子房内着生的部位称胎座。可对子房或果实做横切或纵切来观察判断胎座类型。常见的胎座类型见表 4－10 和图 4－11。

表 4－10　　**胎座的类型**

类型	特征	示例植物
边缘胎座	由 1 个心皮构成 1 室，胚珠着生在腹缝线上	扁豆、甘草
侧膜胎座	由 2 至多心皮连合构成 1 室，胚珠着生在相邻两心皮的连接缝上	南瓜、栝楼
中轴胎座	由 2 至多心皮连合构成 2 至多室，各心皮边缘向子房中央伸入形成一个中轴，胚珠着生于中轴上	百合、桔梗
特立中央胎座	由 2 至多心皮连合构成 1 室，子房室的隔膜及中轴上部均消失，胚珠着生于残留的中轴周围	石竹、报春花
基生胎座	由 1 至多心皮连合构成 1 室，胚珠着生于子房室底部	大黄
顶生胎座	由 1 至多心皮连合构成 1 室，胚珠着生（悬挂）于子房室顶部，又称悬垂胎座	桑、樟

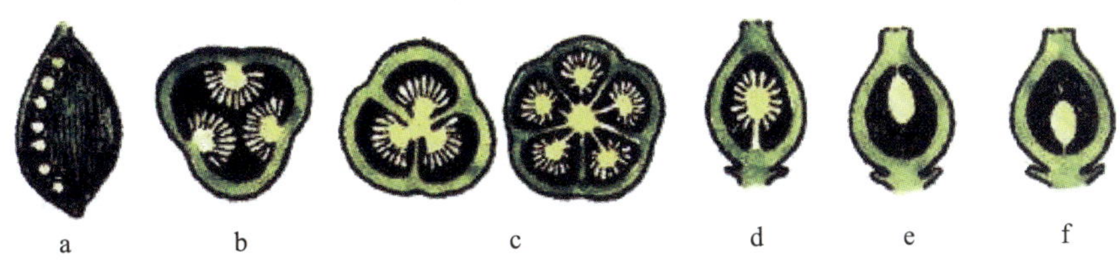

图 4－11　胎座的类型

a. 边缘胎座 b. 侧膜胎座 c. 中轴胎座 d. 特立中央胎座 e. 基生胎座 f. 顶生胎座

（6）胚珠。胚珠着生在子房内的胎座上，常为卵形，受精后发育成种子，其数目与植物种类有关。

①胚珠的结构：胚珠通过一短柄（即珠柄）与子房相连接，维管束即从胎座通过珠柄进入胚珠。胚珠最外层为珠被，大多数被子植物的珠被分为外珠被和内珠被 2 层，也有 1 层珠被或无珠被的（如禾本科植物）。珠被在胚珠的顶端不完全连合而留下 1 小孔，称珠孔。珠被内侧有珠心，由一团薄壁细胞组成，是胚珠的重要部分。珠心中央发育形成胚囊，被子植物的成熟胚囊一般有 8 个细胞，靠近珠孔有 1 个卵细胞和 2 个助细胞，与珠孔相反的一端有 3 个反足细胞，中央有 2 个极核细胞，或 2 个极核细胞融合而成中央细胞。珠被、珠心基部和珠柄汇合处称合点，是维管束进入胚囊的通道。

②胚珠的类型：胚珠在生长时，由于珠柄、珠被和珠心各部分生长速度不同，珠孔、合点与珠柄的相对位置各异，常形成 4 种类型，见表 4-11 和图 4-12。

表 4-11　胚珠的类型

类型	特征	示例植物
直生胚珠	胚珠直立且各部分生长速度均一，珠柄在下，珠孔在上，珠柄、合点和珠孔在一条直线上	蓼科植物
横生胚珠	胚珠一侧生长较快，另一侧生长较慢，因而横向弯曲，合点、珠心、珠孔成一直线并与珠柄垂直	锦葵科、玄参科、茄科的某些植物
弯生胚珠	胚珠下半部的生长比较均匀，但上半部一侧生长较快，另一侧生长较慢，生长快的一侧向生长慢的一侧弯曲，因此珠孔弯向珠柄，整个胚珠呈肾形	十字花科、豆科的某些植物
倒生胚珠	胚珠一侧生长快，另一侧生长慢，使胚珠向生长慢的一侧弯转 180°，胚珠倒置，合点在上，珠孔靠近珠柄，珠柄很长并与一侧珠被愈合，形成一条明显的纵脊，称珠脊	大多数被子植物

a
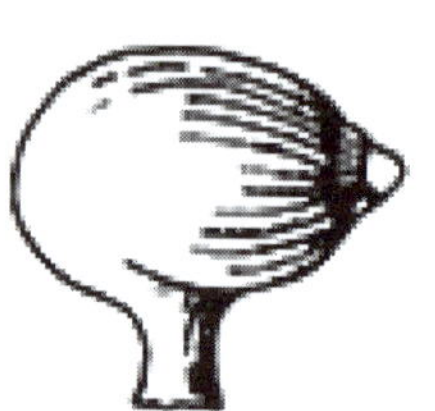
b

c

d

图 4-12　胚珠的类型

a. 直生胚珠　b. 横生胚珠　c. 弯生胚珠　d. 倒生胚珠

二、花的类型

在长期的演化过程中，被子植物花的各部分组成发生了不同程度的变化，形成了不同的类型，一般可以按下述几方面来分类。

依花的组成是否完整分类，可将花分为完全花与不完全花，见表 4-12。

表 4-12　　依花的组成是否完整分类的花型

类型	特征	示例植物
完全花	同时具有花萼、花冠、雄蕊和雌蕊	桔梗、桃
不完全花	花萼、花冠、雄蕊和雌蕊中缺少一部分或几部分	桑、南瓜

依花被有无及花被排列分类，可将花分为重被花、单被花与无被花，见表 4-13。

表 4-13　　依花被有无及花被排列分类的花型

类型	特征	示例植物
重被花	同时具有花萼与花冠的花。重被花又可分为单瓣花（花冠只由 1 轮花瓣组成的花，如桃）和重瓣花（花冠由数轮花瓣组成，如碧桃、月季等）	栝楼、党参
单被花	仅有花萼而无花冠的花（此时的萼片常称花被片）。单被花的花被可为 1 轮，也可为多轮，但其颜色、形态常无区别，一般呈各种鲜艳的颜色，如玉兰为白色，白头翁为紫色等	百合、广玉兰
无被花	花被不存在的花，常具苞片	杜仲、柳、杨

依花中有无雄蕊和雌蕊分类，可将花分为两性花、单性花、无性花等，见表 4-14。

表 4-14　　依花中有无雄蕊和雌蕊分类的花型

类型	特征	示例植物
两性花	一朵花中既有雄蕊群又有雌蕊群	牡丹、桃
单性花	一朵花中仅有雄蕊群或仅有雌蕊群；仅有雄蕊群的花称雄花，仅有雌蕊群的花称雌花	
雌雄同株或单性同株	同株植物既有雌花又有雄花	南瓜、蓖麻
雌雄异株或单性异株	雌花和雄花分别生于不同植株上	栝楼、银杏
杂性花	一种植物同时存在两性花与单性花	
杂性同株	两性花和单性花生于同株植物上	朴树
杂性异株	两性花与单性花分别生于不同植株上	葡萄、臭椿
无性花	花中雄蕊和雌蕊均退化或发育不全	绣球花序周围的花

依花的对称方式分类，可将花分为辐射对称花、两侧对称花与不对称花，见表 4-15。

表 4-15　　依花的对称方式分类的花型

类型	特征	示例植物
辐射对称花	花被（主要指花冠）形状一致，大小相似，有 2 个及以上对称面，又称整齐花	桃、桔梗
两侧对称花	花被形状、大小有较大差异，仅有 1 个对称面，又称不整齐花	益母草
不对称花	无对称面的花，又称不整齐花	美人蕉

依传播花粉的媒介分类，可将花分为风媒花、虫媒花、鸟媒花、水媒花等，见表 4-16。

表 4-16　依传播花粉的媒介分类的花型

类型	特征	示例植物
风媒花	借风传粉。多为单性花、单被花或无被花，花粉量大，柱头面积大，有黏性	玉米、杨、柳
虫媒花	借昆虫传粉，传粉的昆虫有蜜蜂、蝴蝶、蚂蚁、甲虫等。虫媒花多为两性花，内有蜜腺，具香味，花冠颜色鲜艳，花粉量少，但花粉粒大而黏，能粘在昆虫身上	兰科植物、桃、苹果
鸟媒花	借鸟类传粉	某些凌霄属植物
水媒花	借水传粉	金鱼藻、黑藻

三、花序

有些植物的花单生在茎枝顶端或叶腋部位，这种花称为单生花，如玉兰、木槿。但多数植物的花是按照特定的模式集生于特殊的总花梗上，这种有规律的花的排列模式称花序。花序下部的梗称花序梗，花序梗向上延伸成为花序轴，花序轴可以不分枝或再分枝。花序上的花称小花，每朵小花的梗称小花梗。小花梗和总花梗下部常有小型的变态叶，分别称小苞片和总苞片。无叶的总花梗称花葶。根据花在花序轴上的排列方式和开放顺序，以及在开花期花序轴能否不断生长等，花序可分为无限花序、有限花序和混合花序。

1. 无限花序（总状花序类）

在开花期内，花序轴顶端继续向上生长，产生新的花蕾，开放顺序是从花序轴基部向顶端依次开放，或由边缘向中心开放，这类花序称无限花序。根据花序轴及小花的特点，无限花序又可分为 8 种类型，见表 4-17 和图 4-13。

表 4-17　无限花序的类型

类型	特征	示例植物
总状花序	花序轴细长，轴上着生许多花梗近等长的小花	商陆、荠菜
穗状花序	似总状花序，但小花花梗极短或无梗	知母、车前
葇荑花序	似穗状花序，但花序轴柔软下垂，其上着生许多无梗小花，花开放后整个花序脱落	柳、构
肉穗花序	似穗状花序，但花序轴肉质肥大呈棒状，其上密生许多无梗的单性小花，在花序外面常具 1 大型苞片，称佛焰苞，故又称佛焰花序，是天南星科植物的主要特征	天南星、花烛
伞房花序	似总状花序，但小花梗不等长，花序轴基部的长，向上逐渐缩短，整个花序的小花几乎排在同一平面上	山楂、苹果
伞形花序	花序轴缩短，在总花梗顶端着生许多花梗近等长的小花，排列似张开的伞	刺五加、人参、三七
头状花序	花序轴极度缩短膨大呈盘状或头状，其上密生许多无梗小花，下面或周围常有苞片密集成的总苞	向日葵、一年蓬
隐头花序	花序轴肉质膨大而向下凹，凹陷的内壁上着生许多无梗的单性小花	无花果、榕树

图 4－13　无限花序的类型

a. 总状花序（商陆） b. 穗状花序（车前） c. 葇荑花序（构） d. 肉穗花序（天南星） e. 伞房花序（山楂） f. 伞形花序（三七） g. 头状花序（一年蓬） h. 隐头花序（无花果）

以上各种花序的花序轴均不分枝，但也有一些无限花序的花序轴分枝，常见的有复总状花序和复伞形花序。复总状花序的花序轴上分生许多小枝，每小枝各成一总状花序，整个花序呈圆锥状，故又称圆锥花序，如女贞、槐。复伞形花序是花序轴作伞状分枝，每分枝为一伞形花序，如柴胡、白芷等伞形科植物。此外，还有复穗状花序（如小麦、香附）和复伞房花序（如花楸属植物）等。

2. 有限花序（聚伞花序类）

有限花序与无限花序相反，花序轴顶端由于顶花先开放而不能继续生长，只能在顶花下面产生侧轴，小花由上而下或由内向外依次开放。根据花序轴产生侧轴的情况可将有限花序分为 5 种类型，见表 4－18 和图 4－14。

表 4－18　有限花序的类型

类型	特征	示例植物
单歧聚伞花序	花序轴顶生 1 花，先开放，在它下面产生 1 侧轴，其长度超过主轴，其顶端又生 1 花，依此方式连续分枝开花	
螺旋状聚伞花序	顶花下侧轴均向同一侧生出，花序呈螺旋状	紫草、香雪兰
蝎尾状聚伞花序	侧轴左、右交替生出，呈蝎尾状排列	蝎尾蕉、姜、射干
二歧聚伞花序	花序轴顶生 1 花，先开放，在其下方两侧同时各生出 1 等长的侧轴，每 1 侧轴再以同样方式继续开放和分枝	球序卷耳、石竹、麦蓝菜
多歧聚伞花序	花序轴顶生 1 花，先开放，其下方同时产生数个侧轴，侧轴常比主轴长，各侧轴又形成小的聚伞花序。若花轴下生有杯状总苞，则称为杯状聚伞花序（大戟花序）	泽漆、甘遂
轮伞花序	聚伞花序生于对生叶的叶腋或花序轴上的总苞里，呈轮状排列	薄荷、益母草

a b c d e

图 4－14 有限花序的类型

a. 螺旋状聚伞花序（香雪兰） b. 蝎尾状聚伞花序（蝎尾蕉）
c. 二歧聚伞花序（球序卷耳） d. 多歧聚伞花序（泽漆） e. 轮伞花序（益母草）

3. 混合花序

有些植物在花序轴上生有两种不同类型的花序，称混合花序。如紫丁香、葡萄的花序主轴无限生长，但第 2 次分枝和末枝则为聚伞花序，故又称聚伞圆锥花序。

四、花程式

为简化对花的文字描述，利用字母、数字、符号表明花各部分的组成、排列、位置以及相互关系的公式称花程式。其基本书写原则如下：

1. 以字母代表花的各部分

用拉丁语或德语名的第一个字母大写表示花的各部分。P 表示花被，K 表示花萼，C 表示花冠，A 表示雄蕊群，G 表示雌蕊群。

2. 以数字表示花各部分的数目

数字写在代表字母的右下方，若花各部分有定数，则用相应的阿拉伯数字表示。0 表示该部分缺失或退化；若数目超过 10 个或数目不定，用“∞”表示；雌蕊群代表字母的右下角有 3 个数字，分别表示心皮数、子房室数、每室胚珠数，并用“:”隔开。

3. 用符号表示花的其他特征

“⚥”表示两性花，“♀”表示雌花，“♂”表示雄花；“*”或“⊗”表示辐射对称花，“↑”或“·|·”表示两侧对称花；各部分的数字加“( )”表示连合；数字之间加“+”表示排列的轮数。在 G 的上方或下方加“—”表示子房位置，如“$\underline{G}$”表示子房上位；“$\overline{G}$”表示子房下位；“$\underline{G}$”表示子房半下位。

4. 花程式的书写及举例

花程式的书写顺序：花的性别、对称情况、花萼、花冠、雄蕊群、雌蕊群。举例说明如下：

豌豆花：⚥ ↑ $K_{(5)}C_5A_{(9)+1}\underline{G}_{(1:1:\infty)}$

表示其为两性花；两侧对称；萼片 5 枚，合生；花瓣 5 枚，分离；雄蕊 10 枚，9 枚合生，1 枚分离成二体雄蕊；子房上位，1 心皮，1 室，胚珠数目不定。

桑花：♂ P_4A_4；♀ P_4 $\underline{G}_{(2:1:1)}$

表示其为单性花。雄花：花被片 4 枚，分离；雄蕊 4 枚，分离。雌花：花被片 4 枚，分离；子房上位，由 2 心皮合生，1 室，1 胚珠。

任务实施

一、任务准备

1. 实训材料

准备一些代表性植物的花的标本或挂图，如油菜、木槿、紫茉莉、蚕豆、迎春花、牵牛、桔梗、南瓜、茄、蓖麻、桃、石竹、天葵等植物的花，车前、蒲公英、柳、女贞、向日葵、绣线菊、五加（或八角金盘）、茴香（或白芷）、无花果（或薜荔）、石竹、附地菜、益母草、鸢尾、大戟（或泽漆）等植物的花序。

2. 实训器材

解剖镜（放大镜）、解剖针、解剖盘、镊子、刀片等。

二、观察花和花序的形态与类型

1. 观察花的组成

取油菜花 1 朵，先进行整体观察，然后用解剖针和镊子由外向内解剖，可见如下部分：

（1）花梗。花梗为花朵与茎相连的部分，呈圆柱形。

（2）花托。花托为花梗顶端的膨大部分，其上着生花萼、花冠、雄蕊群和雌蕊群。

（3）花被。花被包括花萼和花冠两部分。花萼由 4 枚萼片组成，离生，绿色或黄绿色，排成 2 轮；花冠由 4 枚黄色的花瓣组成，离生，十字形排列。

（4）雄蕊群。雄蕊群由 6 枚雄蕊组成，离生，排成 2 轮，外轮 2 枚较短，内轮 4 枚较长，为四强雄蕊。每枚雄蕊由细长的花丝和囊状的花药组成。

（5）雌蕊群。油菜花具有 1 个雌蕊，位于花的中央，由子房、花柱和柱头 3 部分组成。子房为膨大的囊状体，略呈扁圆柱形；花柱为子房上端的细小部分，较短；柱头为花柱顶端的膨大部分，略呈帽状。将子房制成横切片置解剖镜下观察，可见其由 2 心皮构成，由假隔膜分成假 2 室，侧膜胎座。

2. 观察花主要组成部分的形态和类型

（1）观察油菜、蒲公英、木槿、紫茉莉等植物的花，判断其花萼类型。

（2）观察油菜、蚕豆、向日葵、迎春花、牵牛、南瓜、茄、益母草等植物的花，判断其花冠类型。

（3）观察油菜、蚕豆、向日葵、木槿、益母草、蓖麻等植物的花，判断其雄蕊群类型。

（4）观察天葵、桃和油菜的花，判断其雌蕊群类型。

（5）观察油菜、桃、桔梗、南瓜的花，判断其子房位置及花位。

同时，注意观察判断上述植物花的类型。

3. 观察花序的类型

观察车前、柳、女贞、绣线菊、五加（或八角金盘）、茴香（或白芷）、向日葵、无花果（或薜荔）、石竹、附地菜、鸢尾、大戟（或泽漆）、益母草等植物的花序，判断其花序的类型。

三、任务测评

按表 4－19 进行任务测评，并做好记录。

表 4－19 任务评分标准

序号	考核内容	考核标准	配分	得分
1	花的组成	能按照正确的解剖方法对花进行解剖，并准确描述花的组成	30	
2	花各组成部分的类型及花类型的判断	能准确判断花各组成部分的类型及花的类型	40	
3	花序类型	能准确判断花序类型	30	
合计			100	

思考与练习

菊花为头状花序（见图 4－15），它的花在哪？图中的“花瓣”是什么？

图 4－15　菊花

任务五　识别果实的形态和类型

学习目标

1. 熟悉果实的类型，掌握果实的构造和特征。
2. 通过观察，能准确描述果实的形态并判断其类型。

任务引入

果实是被子植物特有的器官，一般由受精后的雌蕊子房或子房连同花的其他部分（如花托或花序轴）发育而成，其结构包括果皮和种子两部分。果皮包裹着种子，具有保护和散布种子的作用。有很多中药来源于植物的果实，如山楂、枸杞子、木瓜、栀子、金樱子、吴茱萸、枳实、五味子。

相关知识

一、果实的发育过程

被子植物的花经过传粉和受精后发育成果实，其各部分发生了很大的变化。被子植物果实的发育过程见图 5-1。

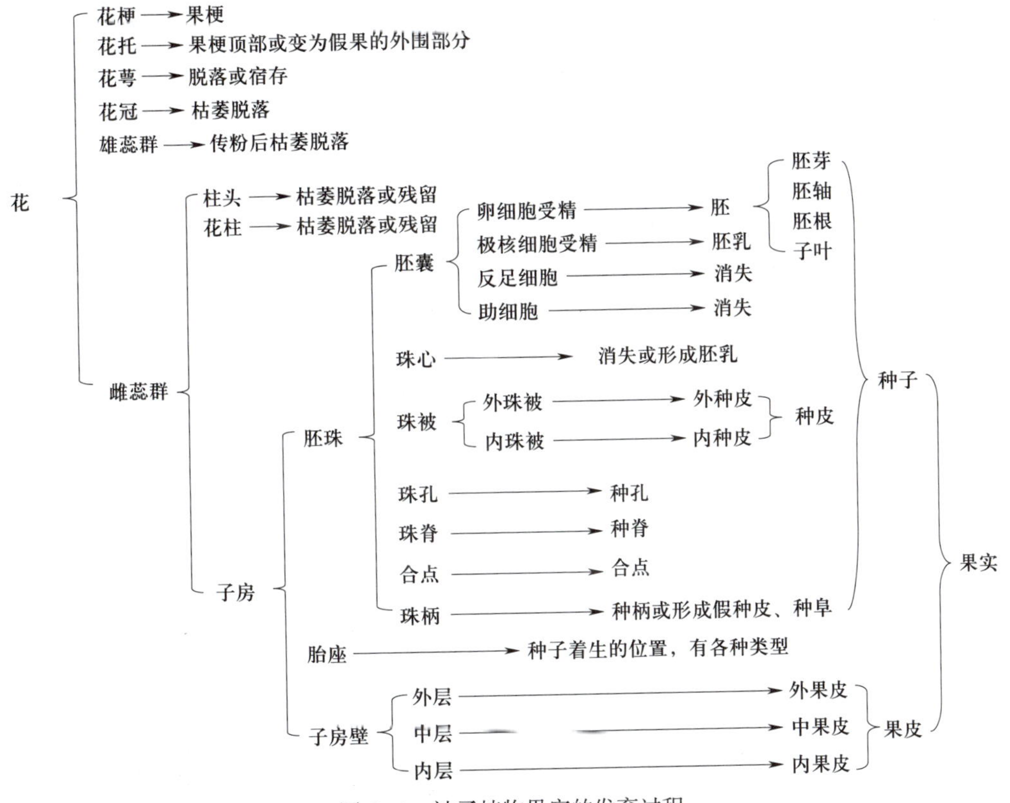

图 5-1　被子植物果实的发育过程

完全由子房发育成的果实称真果，如桃、杏、枸杞、柿。有些植物除子房外，花的其他部分如花被、花托或花序轴等也参与形成果实，这种果实称假果。如苹果、梨是由下位子房连同花萼筒发育而成的假果，无花果是由膨大的囊状花序轴参与形成的假果，草莓是由膨大的圆锥状花托参与形成的假果。

二、果实的构造

假果的构造多种多样，通常所说的果实的构造是指真果的构造，见图 5–2。

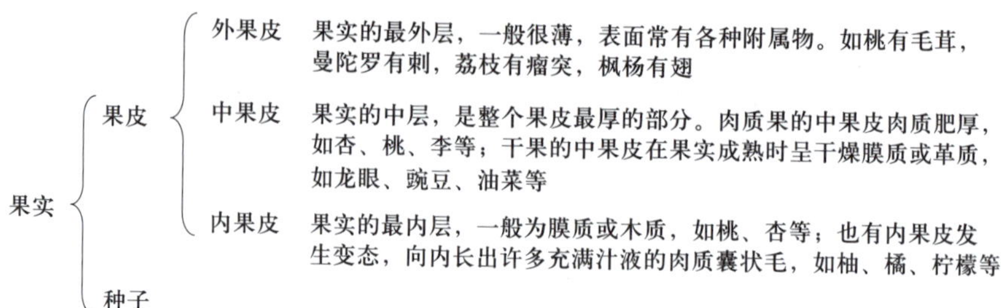

图 5–2　真果的构造

三、果实的类型

根据果实的来源和果皮性质的不同可将果实分为单果、聚合果和聚花果 3 大类。

1. 单果

单果是由 1 个雌蕊（单雌蕊或复雌蕊）发育成的果实，即 1 朵花只形成 1 个果实。依据其果皮质地不同，又分为干果和肉质果。

（1）干果。果实成熟后果皮干燥的称干果。依据果皮是否开裂，又分为裂果和不裂果（闭果）。

①裂果：果实成熟后果皮干燥开裂，依据开裂方式不同分为多种，见表 5–1 和图 5–3。

表 5–1　裂果的类型

类型	特征	示例植物
蓇葖果	由单雌蕊发育而成，果实成熟后，沿腹缝线或背缝线一侧开裂	马利筋、白薇
荚果	由单雌蕊发育而成，果实成熟后，沿腹缝线和背缝线两侧同时开裂。为豆科植物特有的果实	白扁豆、豌豆、紫藤
角果	由 2 心皮合生的雌蕊发育形成的果实，中间有假隔膜将子房隔成假 2 室，种子着生在假隔膜两侧，果实成熟后，果皮沿两侧腹缝线自下而上开裂，成 2 片脱落，假隔膜仍留在果梗上。为十字花科植物特有的果实，果实细长者称长角果，果实短而宽者称短角果	萝卜、油菜（长角果），菘蓝、荠（短角果）
蒴果	由合生心皮的复雌蕊发育形成，子房 1 至多室，每室含多数种子。果实成熟后以各种方式开裂。常见开裂方式有瓣裂（果皮沿纵轴方向开裂），孔裂（果实顶端呈小孔状开裂），盖裂（果实中部呈环状横裂，上部果皮呈帽状脱落），齿裂（果实顶端呈齿状开裂）	百合、木芙蓉（瓣裂），罂粟、金鱼草（孔裂），马齿苋、车前（盖裂），石竹、麦蓝菜（齿裂）

a

b

c

d

e

图 5–3　裂果的类型

a. 蓇葖果（白薇）　b. 荚果（紫藤）　c. 长角果（油菜）　d. 短角果（荠）　e. 蒴果（瓣裂，木芙蓉）

②不裂果（闭果）：果实成熟后，果皮不开裂，或分离成几部分，但种子仍被果皮包住。常分为6种类型，见表5-2和图5-4。

表5-2　不裂果的类型

类型	特征	示例植物
瘦果	内含1枚种子，成熟时果皮易与种皮分离	向日葵
颖果	内含1枚种子，成熟时果皮与种皮愈合，不易分离。为禾本科植物特有的果实	小麦、玉米、薏苡
坚果	内含1枚种子，成熟时果皮坚硬，果实外常有由花序的总苞发育成的壳斗。有的坚果特别小，无壳斗包围，称小坚果	栗、榛（坚果），益母草、薄荷（小坚果）
翅果	内含1枚种子，果皮一端或周边向外延伸呈翅状	鸡爪槭、杜仲
胞果	又称囊果，单粒种子的果实，果皮薄，膨胀疏松地包围种子，与种子极易分离	青葙、牛膝、地肤
双悬果	由2心皮复雌蕊发育形成，果实成熟后心皮分离成2个分果，双双悬挂在心皮柄上端，心皮柄的基部与果梗相连，每个分果内各含1粒种子。为伞形科植物特有的果实	小茴香、当归、蛇床子

a

b

c

d

e

f

图5-4　不裂果的类型

a. 瘦果（向日葵）　b. 颖果（玉米）　c. 坚果（栗）　d. 翅果（鸡爪槭）　e. 胞果（牛膝）　f. 双悬果（小茴香）

（2）肉质果。肉质果的果皮肉质多汁，通常具鲜艳的颜色，成熟时不开裂。肉质果的类型见表5-3和图5-5。

表5-3　肉质果的类型

类型	特征	示例植物
浆果	外果皮薄，中果皮和内果皮肉质多汁，内含1至多枚种子	猕猴桃、番茄
核果	外果皮薄，中果皮肉质，内果皮坚硬、木质，形成果核，每核内含1粒种子	枣、桃、杏
柑果	外果皮革质，具油室；中果皮疏松，白色海绵状，内具多分枝的维管束（橘络）；内果皮膜质内卷分隔形成数室，每室内壁生有许多肉质多汁的囊状毛，即可食部分。为芸香科柑橘属植物特有的果实	橙、橘、柚
瓠果	由3心皮侧膜胎座的下位子房连同花托一起发育而成的假果，花托与外果皮愈合形成较坚韧的果实外层，中果皮、内果皮及胎座均肉质，内含多枚种子。为葫芦科植物特有的果实	黄瓜、冬瓜、南瓜、西瓜、栝楼
梨果	由5心皮中轴胎座的下位子房连同花托发育形成的假果。肉质可食部分由花托与外、中果皮一起发育而成，其间界限不明显；内果皮坚韧而明显，常5室，每室含种子2枚。为蔷薇科苹果亚科植物特有的果实	苹果、梨、山楂

a

b

c

d

e

图 5-5　肉质果的类型

a. 浆果（猕猴桃） b. 核果（枣） c. 柑果（橘） d. 瓠果（黄瓜） e. 梨果（梨）

2. 聚合果

1 朵花中具有许多离生心皮雌蕊，每个离生心皮雌蕊形成 1 个小果实，许多小果实聚生于同一花托上，称聚合果。聚合果可根据其上每个小单果类型的不同，分为 5 种类型，见表 5-4 和图 5-6。

表 5-4　聚合果的类型

类型	特征	示例植物
聚合蓇葖果	许多小蓇葖果聚生在花托上	厚朴、八角茴香、牡丹
聚合瘦果	许多小瘦果聚生于突起的花托上。许多蔷薇科蔷薇属植物的骨质瘦果聚生于凹陷的花托中，称蔷薇果	白头翁、蛇莓（聚合瘦果），金樱子、蔷薇（蔷薇果）
聚合核果	许多小核果聚生于突起的花托上	悬钩子、山莓、华东覆盆子
聚合浆果	许多小浆果聚生于延长或不延长的花托上	五味子、华中五味子
聚合坚果	许多小坚果嵌生于膨大、海绵状倒三角形的花托中	莲

a

b

c

d

e

图 5-6　聚合果的类型

a. 聚合蓇葖果（八角茴香） b. 聚合瘦果（蛇莓） c. 聚合核果（山莓） d. 聚合浆果（五味子） e. 聚合坚果（莲）

3. 聚花果（复果）

聚花果是由整个花序发育成的果实（见图 5-7）。由隐头花序形成的聚花果称隐头果（隐花果），如无花果、薜荔；构的雌花序为球形头状，成熟时呈橙红色，肉质；凤梨的肉质花序轴为可食用部分，花不孕。

a

b

c

图 5-7　聚花果

a. 无花果 b. 构 c. 凤梨

任务实施

一、任务准备

1. 实训材料

准备一些代表性植物果实的标本或挂图，如番茄、橘、桃（或杏）、苹果（或梨）、黄瓜、油菜（或白菜）、蓖麻、紫薇、牵牛、白扁豆（或豌豆）、马兜铃、射干（或百合）、鸢尾、向日葵、玉米、栗、槭树（或白蜡树）、小茴香、金樱子（或蔷薇）、八角茴香、桑、凤梨等的果实。

2. 实训器材

解剖镜（放大镜）、解剖针、解剖盘、镊子、水果刀等。

二、观察果实的形态与类型

1. 观察单果

（1）取番茄、橘、桃（或杏）、黄瓜、苹果（或梨）的果实横切，观察其外、中、内各层果皮界限是否明显，以及其质地、子房室数、胎座类型、种子的数目，并分辨真果与假果，判断肉质果的类型。

（2）取油菜（或白菜）、白扁豆（或豌豆）、马兜铃、射干（或百合）、鸢尾、牵牛、紫薇、向日葵、玉米、栗、槭树（或白蜡树）的果实，注意其成熟后是否开裂，以及其开裂方式、心皮数目、果皮性质、种子数目等，判断干果的类型。

（3）取小茴香果实观察，注意其成熟时是开裂还是分离，分为几个分果。

2. 观察聚合果

（1）取金樱子（或蔷薇）的果实纵切，观察凹陷的壶形花托内聚生的多数骨质瘦果。

（2）取八角茴香观察，可见通常有 8 个蓇葖果轮状排列在花托上，下面有弯曲的果梗。

3. 观察聚花果

（1）取桑椹观察，可见其为雌花发育而成，每朵花的子房各发育成一个小瘦果，包藏在肥厚多汁的花被中。

（2）取凤梨观察，注意可食用部分是由什么部分发育而成。

三、任务测评

按表 5-5 进行任务测评，并做好记录。

表 5-5　　任务评分标准

序号	考核内容	考核标准	配分	得分
1	果实的组成及形态	能准确描述果实的组成及各部分形态特征	50	
2	果实类型的判断	能准确判断果实的类型	50	
合计			100	

思考与练习

西瓜的瓜皮和瓜瓤分别属于果实的哪个部分？

任务六　识别种子的形态和类型

学习目标

1. 了解种子的类型，掌握种子的构造和表面特征。
2. 通过观察，能准确描述种子的形态并判断其类型。

任务引入

种子是由胚珠受精后发育而成，是种子植物重要的生殖器官。许多植物的种子可供药用，如马钱子可通络止痛、散结消肿；槟榔可杀虫、消积、行气、利水、截疟；苦杏仁可降气止咳平喘、润肠通便等。

相关知识

一、种子的形态

种子的形状、大小、颜色、表面纹理等随植物种类不同而异。种子常见的形状有圆形、椭圆形、肾形、卵形、扁球形、多角形等。其大小差异也比较悬殊，较大的有椰子、槟榔的种子，较小的有菟丝子、葶苈子的种子，极小的有白及、天麻的种子。种子因所含色素不同，往往呈现不同的颜色或花纹。如绿豆的种子为绿色；赤小豆的种子为红紫色；相思子的种子一端为红色，另一端为黑色；蓖麻的种子有彩色斑纹。种子的表面纹理也各不相同，如马钱子的种子表面有茸毛，木蝴蝶的种子有翅。

二、种子的构造

种子虽然形态上多种多样，但结构却基本相同，通常由种皮、胚和胚乳 3 部分组成，见图 6-1 和图 6-2。

1. 种皮

种皮位于种子的最外侧，有保护胚和胚乳的作用。有些植物种子的种皮分两层，外层一

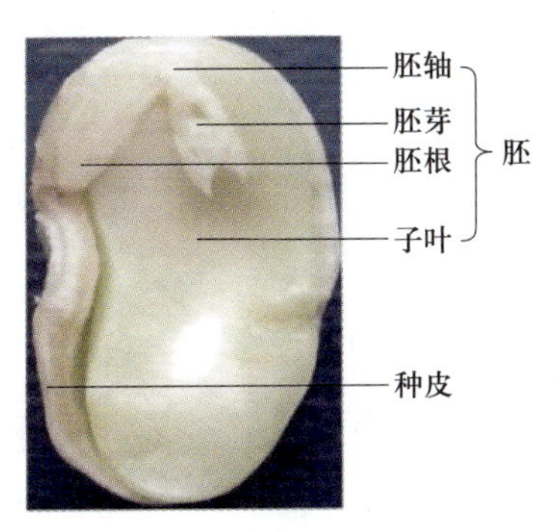

图 6-1　双子叶植物种子的构造（菜豆）

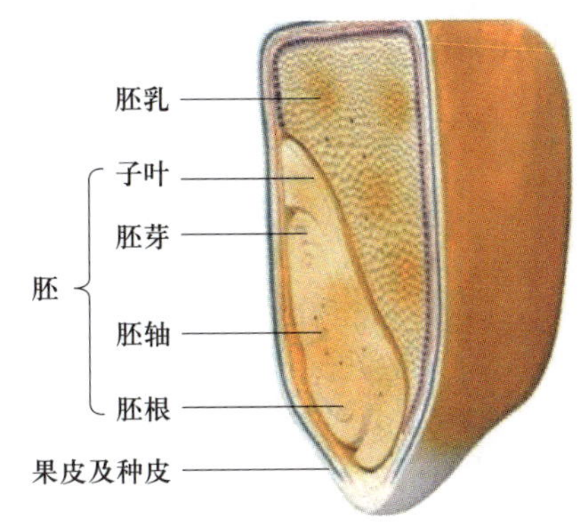

图 6-2　单子叶植物种子的构造（玉米）

般比较坚韧，称外种皮；内层一般为薄膜状，称内种皮。也有些植物种子的种皮只有一层，如向日葵、胡桃。种皮的构造见表 6-1。

表 6-1　种皮的构造

构造	发育特征
种脐	种子成熟后从种柄或胎座上脱落留下的疤痕，常呈圆形或椭圆形
种孔	由胚珠的珠孔发育而成，通常极小，为种子萌发时吸收水分和胚根伸出的部位
合点	由胚珠的合点发育而成，是种皮上维管束的汇集点
种脊	种脐到合点之间隆起的棱脊，由珠脊形成。一般倒生胚珠有长而明显的种脊
种阜	种脐附近的海绵状突起，由珠孔旁的外珠被扩展发育而成，具有吸水的作用

2. 胚

胚由卵细胞受精后发育而成，是种子内尚未发育的植物体，由胚根、胚轴（胚茎）、胚芽和子叶 4 部分组成，见表 6-2。

表 6-2　胚的构造

构造	发育特征
胚根	正对着种孔，种子萌发时，胚根从种孔伸出，将来发育成植物的主根
胚轴	向上生长，成为根与茎的连接部分
胚芽	为胚顶端未发育的地上枝，在种子萌发后发育成植物的地上部分
子叶	为胚吸收和贮藏养料的器官，在种子萌发后变绿进行光合作用，通常在真叶长出后枯萎。双子叶植物有 2 枚子叶，单子叶植物有 1 枚子叶，裸子植物有 2 至多枚子叶

3. 胚乳

胚乳由极核细胞受精后发育而成，通常位于胚的周围，呈白色，贮藏有丰富的淀粉、蛋白质、脂肪等营养物质，在种子萌发时供给胚发育所需要的养料。有些植物的种子发育成熟后，胚乳中的营养物质全部转移并贮藏在子叶里。因此，这类种子的结构中无单独存在的胚乳，而由较肥厚的子叶代替。

三、种子的类型

被子植物的种子依据成熟后是否有胚乳，可分为有胚乳种子和无胚乳种子两类，见表 6-3。

表 6-3　种子的类型

类型	特征及示例植物
有胚乳种子	种子成熟后具有发达的胚乳。根据子叶数目不同，又分为双子叶植物有胚乳种子（如蓖麻、柿）和单子叶植物有胚乳种子（如小麦、玉米）两类
无胚乳种子	种子成熟后无胚乳或仅留一薄层胚乳，这类种子的子叶发达。根据子叶数目不同，又可分为双子叶植物无胚乳种子（如大豆、南瓜）和单子叶植物无胚乳种子（如泽泻、慈姑）两类

任务实施

一、任务准备

1. 实训材料

蓖麻、蚕豆（或黄豆）、玉米等种子。

2. 实训器材及试剂

解剖镜（放大镜）、解剖针、镊子、刀片，碘化钾碘试液。

二、观察种子的形态与类型

1. 观察蓖麻种子

（1）种皮。外种皮坚硬，表面具黑褐色花纹，有光泽。在种子较小一端有一浅色的海绵状突起，即为种阜。在种子腹面、种阜内侧有一小突起，即种脐，在放大镜下更明显。种阜和种脐的下方有一条纵向的隆起，为种脊。种孔被种阜覆盖，一般看不见。剥下坚硬的外种皮，可见内种皮紧附于外种皮内面，白色，薄膜质。内种皮的一端有一小黑点，即为合点。

（2）胚乳。将剥去种皮的种子剖开，可见乳白色的胚乳占种子的绝大部分，并包围着胚。

（3）胚。胚由胚根、胚轴、胚芽和子叶 4 部分组成。胚根在种子的下端（种阜端），呈锥状，锥尖垂直向下，所指方向便是种孔（不易看到）；胚芽位于胚根上方，为细小的叶状体，白色；连接胚根和胚芽的部分为胚轴；子叶 2 枚着生在胚轴上，白色膜质，有较明显的脉纹，紧贴胚乳。在放大镜下观察，叶脉更清晰。

2. 观察蚕豆种子

取浸泡过的蚕豆种子观察，可见种子由种皮和胚两部分组成。

（1）种皮。外种皮和内种皮愈合，革质。在种皮表面，种脐呈眉状，种阜脱落，种脐一端的弓形背上有一深色点，即合点。种脐至合点之间有一较明显的纵棱，即种脊。种脐另一端，邻近种脐处有一细小孔隙，即种孔。

（2）胚。剥去种皮，剩下的主体部分即为胚。可见2枚白色肥大的子叶，对合着生于胚轴上。胚轴一端为锥形的胚根。胚根尖对着种孔。胚轴另一端为细小叶状的胚芽。

3. 观察玉米种子

取新鲜的玉米粒观察，可见其内部隐约有一白色倒心形的部分，即胚。以胚中央为准，将颖果纵切为两半，在切面上加碘化钾碘试液1滴，可见其最外层是由果皮和种皮愈合成的坚韧薄膜，里面呈蓝黑色的是胚乳，在胚乳稍下方的一侧是胚。胚由胚根、胚轴、胚芽和子叶4部分组成。在紧接胚乳处有一呈浅蓝色的斜向条状物，即子叶。在子叶上半部的内下方，用解剖针轻轻挑动，可见有细小的幼叶，即胚芽，呈浅黄色，外面有薄片状的胚芽鞘包围。胚根位于胚芽下端，呈锥形，浅黄色，外面有胚根鞘包围。连接胚根和胚芽的部分即胚轴，其上着生子叶。

三、任务测评

按表6-4进行任务测评，并做好记录。

表6-4　任务评分标准

序号	考核内容	考核标准	配分	得分
1	种子的组成及形态	能按照正确的解剖方法对种子进行解剖，并准确描述种子的组成及各部分形态特征	50	
2	种子类型的判断	能准确判断种子的类型	50	
合计			100	

思考与练习

假种皮是某些种子表面覆盖的一层特殊结构，常由珠柄或胎座发育而成，多为肉质，色彩鲜艳，能吸引动物取食，以便于传播种子。查阅相关资料，判断下列植物的种子有假种皮的是（　　）。

A. 桃　　B. 荔枝　　C. 肉豆蔻　　D. 龙眼

模块二

识别药用植物的显微构造

植物细胞、组织和器官的内部构造多属于微观尺度，非肉眼所能观察到，必须借助显微镜才能观察清楚。在显微镜下观察到的植物细胞、组织和器官的精细结构，称植物的显微构造。

任务七 识别植物细胞基本结构

学习目标

1. 了解细胞中的生理活性物质，熟悉原生质体中液泡、质体等细胞器的结构与功能，掌握植物细胞后含物的类型、细胞壁的结构与特化类型。
2. 掌握光学显微镜的使用方法。
3. 通过观察，能识别常见细胞后含物类型与细胞壁特化类型。

任务引入

植物细胞是构成植物体形态结构和进行生命活动的基本单位。植物细胞主要由细胞壁、原生质体、后含物和生理活性物质等组成。后含物的形态和性质是中药鉴定的依据之一。如不良商家用华山参等其他药材冒充人参，而人参的薄壁细胞中含草酸钙簇晶，伪品华山参的薄壁细胞中含草酸钙砂晶。因此，可通过显微镜下观察草酸钙结晶的方法来鉴别人参的真伪。你还知道哪些药用植物细胞含有特殊的成分？

相关知识

典型的植物细胞外面由细胞壁包围；细胞壁内有生命的物质总称原生质体，包括细胞质、细胞核等；此外，细胞中尚含许多非生命物质。植物细胞显微构造模式图见图 7－1。

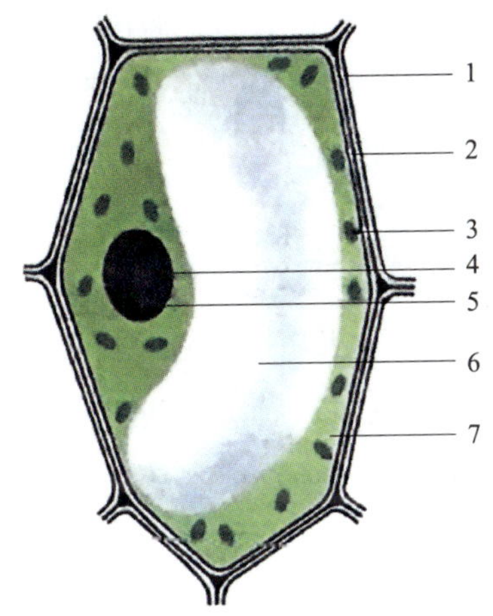

图 7－1　植物细胞显微构造模式图

1. 细胞壁；2. 细胞质膜；3. 叶绿体；4. 细胞核；5. 核仁；6. 液泡；7. 细胞质。

一、细胞壁

植物细胞的最外层包围着具有一定硬度和弹性的细胞壁，由原生质体分泌的非生命物质构成，对细胞起保护和支持的作用。

1. 细胞壁的结构

植物细胞壁一般由胞间层、初生壁和次生壁组成（见图 7－2）。构成植物细胞壁的化学成分中 90% 左右是多糖，10% 左右是蛋白质、脂肪酸等其他成分。细胞壁中的多糖主要是纤维素、半纤维素及果胶类物质。

（1）胞间层。胞间层又称中层，是相邻细胞所共有的薄层，是细胞分裂时最早形成的分隔层。其主要成分是果胶类物质，作用是使细胞彼此粘连。

（2）初生壁。随着细胞的分裂，由原生质体分泌的物质（主要是纤维素、半纤维素和果胶类物质）增加在胞间层的两侧，形成了初生壁。许多植物细胞终生只具初生壁。

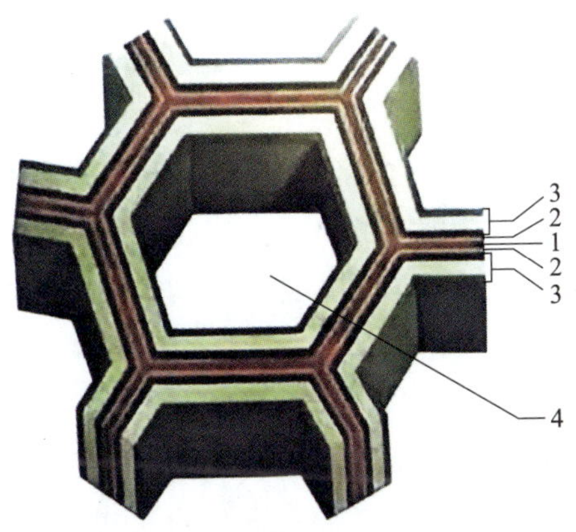

图 7－2　细胞壁的构造

1. 胞间层；2. 初生壁；3. 三层次生壁；4. 细胞腔。

（3）次生壁。有些细胞在停止增大以后，原生质体的分泌物（纤维素、半纤维素及少量木质素和其他物质）继续在初生壁的内侧填积，使细胞壁加厚形成了次生壁。较厚的次生壁又可分为内、中、外三层；具有次生壁的细胞，其初生壁会显得较薄。

2. 纹孔和胞间连丝

（1）纹孔。细胞壁形成过程中，次生壁在初生壁内不均匀增厚，使很多地方留有一些没有增厚的呈孔状凹陷的结构，称纹孔。相邻细胞的纹孔常在相同部位成对存在，称纹孔对。纹孔对之间的薄膜称纹孔膜，纹孔膜两侧没有次生壁的腔穴称纹孔腔，纹孔腔通往细胞腔的开口称纹孔口。纹孔的存在有利于水和其他物质的运输。纹孔对分为单纹孔对、具缘纹孔对和半具缘纹孔对 3 种类型，见表 7－1 和图 7－3。

表 7－1　纹孔对的类型

类型	特征	常见的细胞和组织
单纹孔对	次生壁上未加厚的部分呈圆筒形，即从纹孔膜至纹孔口的纹孔腔呈圆筒状	韧皮纤维、石细胞、薄壁组织
具缘纹孔对	纹孔边缘的次生壁向细胞腔内呈拱状隆起，形成半圆球形或拱状的纹孔腔。正面观可见两个同心圈：外圈为纹孔膜的边缘，内圈为纹孔口的边缘。松科和柏科等裸子植物管胞上的具缘纹孔，纹孔膜中央特别厚，形成纹孔塞。这种具缘纹孔从正面观察呈现 3 个同心圆	管胞、导管
半具缘纹孔对	纹孔对的一边是单纹孔，另一边是具缘纹孔	薄壁细胞与管胞或导管之间

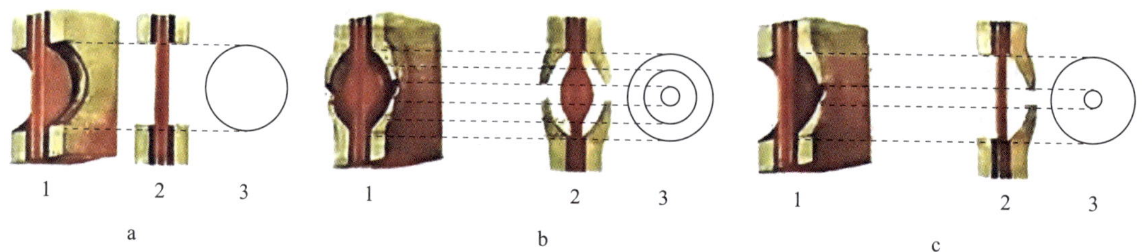

图 7－3　纹孔对的类型

a. 单纹孔对　b. 具缘纹孔对　c. 半具缘纹孔对

1. 立体图；2. 切面图；3. 正面图。

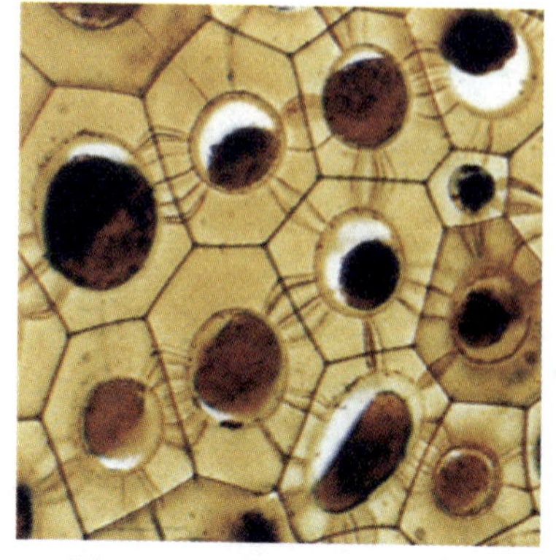

图 7－4　胞间连丝（柿胚乳）

（2）胞间连丝。细胞间有许多纤细的原生质丝，穿过细胞壁上的微细孔隙或纹孔，连接相邻细胞，这种原生质丝称胞间连丝（见图 7－4）。胞间连丝是细胞原生质体间进行物质运输和信号传导的桥梁。

3. 细胞壁的特化

植物细胞在生长分化的过程中，不但细胞壁可以扩展和加厚，原生质体也可以分泌一些不同性质的化学物质添加到细胞壁内，使细胞壁的成分发生特化，从而适应一定的功能。细胞壁的特化有木质化、木栓化、角质化、矿质化和黏液化等常见类型，见表7-2。

表7-2　细胞壁的特化类型

特化类型	细胞壁增加的物质	特性及作用	显微化学鉴别	常见的细胞和组织
木质化	木质素	硬度增强，提高细胞群的机械强度。当木质化细胞壁加到很厚时，细胞多趋于死亡	加间苯三酚和浓盐酸后，显红色或紫红色反应	导管、木纤维、石细胞
木栓化	木栓质（脂肪性化合物）	不易透气透水。木栓化细胞对植物内部组织具有保护作用，但自身会因与外界隔离而坏死	加苏丹Ⅲ试液呈近红色；加氢氧化钾后加热，则木栓质溶解呈黄色油滴状	木栓细胞
角质化	角质（脂肪性化合物）	无色透明，可防止水分过度蒸发和微生物的侵害，角质化细胞为生活细胞	加苏丹Ⅲ试液呈橙红色；但遇碱加热能长久保持	茎、叶、果的表皮细胞
矿质化	硅质、钙质	使茎和叶变得硬而粗糙，增强植物的机械支持能力，矿质化细胞为生活细胞	硅质不溶于醋酸或浓硫酸	禾本科植物的茎、叶细胞
黏液化	果胶、纤维素等成分变成的黏液	在细胞表面呈固体状态或吸水膨胀呈黏滞状态，黏液化细胞为生活细胞	加玫红酸钠乙醇溶液呈玫瑰红色，加钌红试液呈红色	车前子、亚麻子等的表皮细胞

二、原生质体

原生质体是细胞内一切有生命物质的总称，由细胞质、细胞核、质体、线粒体等部分组成。它是细胞的主要部分，细胞的代谢活动在这里进行。

1. 细胞质

细胞质为半透明、半流动的基质，外面包着细胞质膜，分布在细胞质膜和细胞核之间，是原生质体的基本组成部分。细胞质膜对各种物质的通过具有选择性，能阻止细胞内的有机物渗出，调节水和盐类及其他营养物质进入细胞，并排出废物。

2. 细胞核

细胞核位于细胞质中，一般呈圆球形。细胞核的主要功能是控制细胞的遗传和生长发育，是遗传物质存在和复制的场所。

3. 质体

质体是植物细胞特有的细胞器，与糖类的合成和贮藏有密切关系。质体在细胞中数目不定，其体积比细胞核小，比线粒体大。根据质体所含色素和功能的不同，可将质体分为叶绿体、有色体和白色体3种类型。

4. 线粒体

线粒体多呈颗粒状、棒状或丝状，比质体小。线粒体是细胞中物质进行氧化（呼吸作用）的场所，在氧化过程中释放出生命活动所需的能量，因此线粒体被称为细胞的“动力工厂”。

5. 液泡

液泡是具有单层膜的泡状结构，内部充满细胞液，细胞液中含有糖、无机盐、色素、蛋白质等物质。幼小的植物细胞具有许多小而分散的液泡，随着细胞的生长，液泡也逐渐长大，互相合并，最后在细胞中央形成一个大的液泡，可占据细胞体积的 90% 以上。具有一个大的中央液泡是成熟植物生活细胞的显著特征，这是植物细胞与动物细胞在结构上的明显区别之一。

三、细胞后含物和生理活性物质

植物细胞中除有生命的原生质体外，尚有许多非生命的物质，其中一类是后含物，另一类是生理活性物质。

1. 后含物

细胞在新陈代谢过程中产生并贮藏的营养物质（如淀粉、蛋白质、脂肪和脂肪油等）和废弃的物质（如晶体）统称后含物，以液体或晶体的形式分布在细胞质或液泡内。后含物的形态和性质是鉴定药材的依据之一。

（1）淀粉。淀粉由葡萄糖分子聚合而成，以淀粉粒的形式存在，多贮藏于植物的根、茎及种子等器官的薄壁细胞的细胞质中。淀粉粒是由造粉体（白色体的一种）积累贮藏淀粉所形成。积累淀粉时先从一处开始，形成淀粉粒的核心，即脐点，然后环绕着脐点不断积聚，在脐点周围显出层纹。淀粉粒多呈圆球形、卵圆形或多角形。脐点位于淀粉粒的中间或偏于一侧，有点状、线状、裂隙状、分叉状、星状等。根据脐点的不同，淀粉粒可分为单粒、复粒和半复粒 3 种类型，见表 7－3 和图 7－5。

表 7－3　淀粉粒的类型

类型	特征	示例植物
单粒淀粉	每个淀粉粒只有 1 个脐点，脐点周围有层纹环绕	山药、天南星
复粒淀粉	每个淀粉粒有 2 个及 2 个以上脐点，每个脐点有各自的层纹，无共同的层纹	明党参、半夏
半复粒淀粉	每个淀粉粒有 2 个及 2 个以上脐点，每个脐点除有各自的层纹外，外层还有共同的层纹	马铃薯

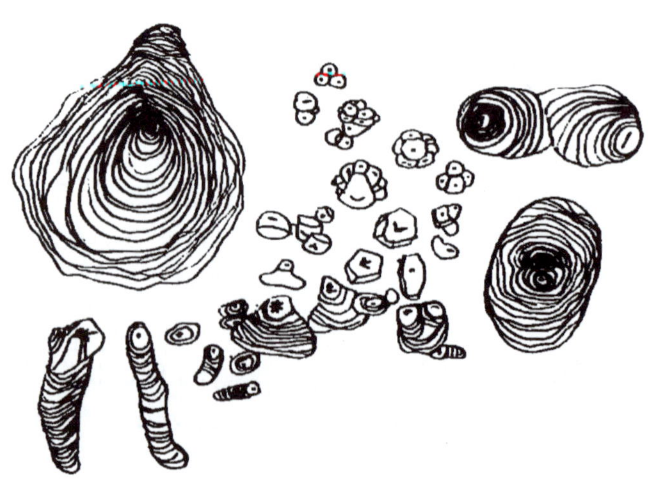

图 7－5　淀粉粒的类型

各种植物所含的淀粉粒，在类型、形状、大小、脐点的位置等方面各有其特征。因此可将淀粉粒的有无以及形态特征作为鉴定药材的依据之一。

（2）菊糖。菊糖由果糖分子聚合而成，呈球形、半球形或扇形，多存在于桔梗科和菊科植物根的细胞中（见图7–6）。菊糖能溶于水，不溶于乙醇。因此，观察菊糖，需将含菊糖的材料浸入乙醇中，一星期以后制成切片，置显微镜下观察，可在细胞中看见球形、半球形或扇形的菊糖结晶。菊糖加10% α– 萘酚的乙醇溶液再加硫酸，显紫红色，并很快溶解。

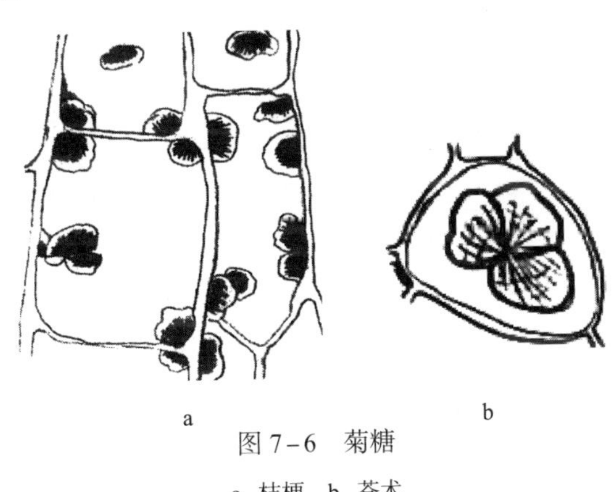

图7–6　菊糖

a. 桔梗　b. 苍术

（3）蛋白质。贮藏的蛋白质与构成原生质体的活性蛋白质不同，它是非活性且比较稳定的无生命物质。蛋白质一般以结晶体或无定形小颗粒的形式存在于细胞质、液泡、细胞核和质体中，无定形的蛋白质颗粒常被一层膜包裹呈圆球状，称糊粉粒（见图7–7）。蛋白质遇碘液呈暗黄色，加硫酸铜和氢氧化钾或氢氧化钠的水溶液则显紫红色。

图7–7　糊粉粒（蓖麻）

（4）脂肪和脂肪油。脂肪和脂肪油由脂肪酸和甘油结合而成，在常温下呈固体或半固体的称脂，呈液体的称油，常存在于植物的种子里。脂肪和脂肪油通常呈小滴状分散在细胞质里，不溶于水，易溶于有机溶剂。脂肪和脂肪油加苏丹Ⅲ试液显橘红色，加紫草试液显紫红色。

（5）晶体。晶体是植物细胞生理代谢过程中所产生的废弃物，常见的有草酸钙晶体和碳酸钙晶体2种类型。

①草酸钙晶体：植物体在代谢过程中所产生的草酸与钙结合而成的晶体，无色半透明或暗灰色，以不同的形状分布在细胞液中。一种植物一般只具有一种形状的草酸钙晶体，少数植物有两种或多种形状的晶体，如曼陀罗叶中含有砂晶、方晶和簇晶。不同种的植物或同一植物的不同部位，草酸钙结晶的形状和大小有一定区别，可作为鉴定药材的依据之一。常见的草酸钙晶体类型见表7-4和图7-8。

表7-4 草酸钙晶体的类型

类型	特征	代表药材
簇晶	由许多八面体形、三棱形单晶体聚集而成，通常呈球状或三角状星形	大黄、人参
针晶	呈两端尖锐的针状，在细胞中多成束存在，称针晶束	半夏、黄精、玉竹
方晶	呈正方形、长方形、斜方形、八面形、三棱形等形状	甘草、黄柏
砂晶	呈细小的三角形、箭头状或不规则形	牛膝、颠茄、地骨皮
柱晶	呈长柱形，长度为直径的4倍以上	射干

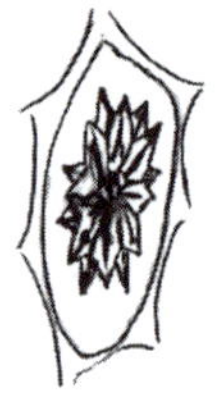
a

b
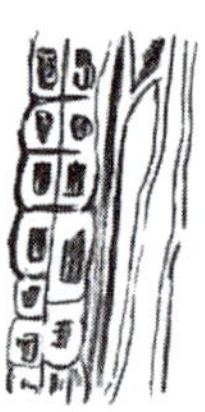
c
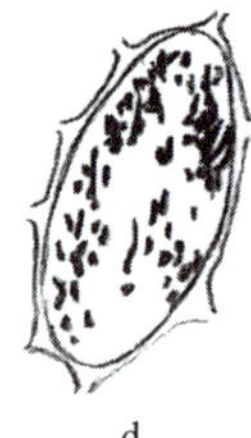
d
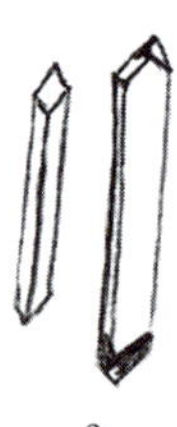
e

图7-8 草酸钙晶体的类型

a. 簇晶 b. 针晶 c. 方晶 d. 砂晶 e. 柱晶

草酸钙结晶不溶于稀醋酸，加稀盐酸溶解而无气泡产生；遇10%～20%硫酸溶液则溶解而形成针状的硫酸钙结晶析出。

②碳酸钙结晶：多存在于桑科、爵床科、荨麻科等植物叶的表皮细胞中，其一端与细胞壁连接，如悬垂的钟乳石，所以又称钟乳体（见图7-9）。

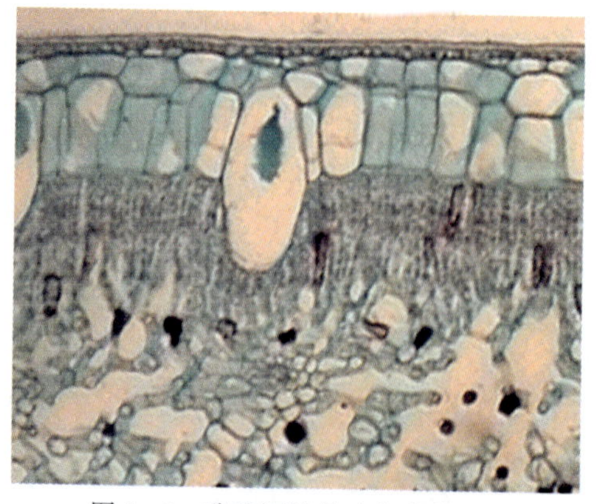

图7-9 碳酸钙结晶（印度榕叶）

碳酸钙结晶加醋酸或稀盐酸即溶解，同时有二氧化碳气泡产生，可与草酸钙结晶相区别。

植物细胞中除草酸钙结晶和碳酸钙结晶以外，还有石膏结晶，如柽柳叶细胞；靛蓝结晶，如菘蓝叶细胞；橙皮苷结晶，如吴茱萸和薄荷叶细胞；芸香苷结晶，如槐花细胞等。

2. 生理活性物质

生理活性物质是植物细胞在新陈代谢过程中产生的能调节细胞内生化反应和生理活动的一类物质的总称，包括酶、维生素、植物激素、抗生素和植物杀菌素等。这些物质含量极少，但作用很大。

植物细胞基本结构及内含物见图 7－10。

图 7－10　植物细胞基本结构及内含物

四、光学显微镜的结构和使用

1. 光学显微镜的结构

光学显微镜的结构见图 7－11。

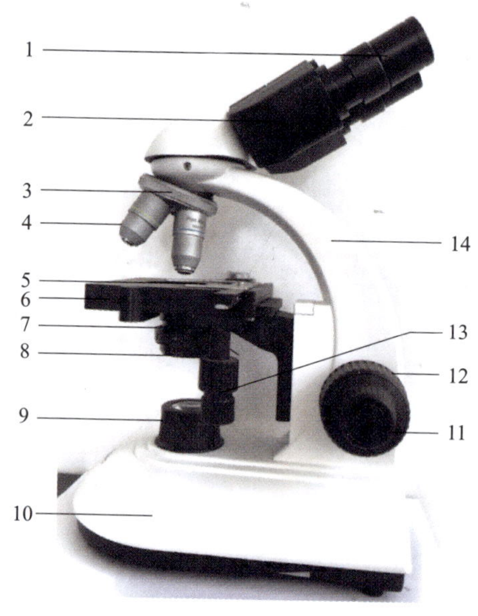

图 7－11　光学显微镜

1. 目镜；2. 镜筒；3. 物镜转换器；4. 物镜；5. 标本夹；6. 载物台；7. 通光孔；8. 光圈；9. 光源；10. 镜座；11. 细准焦螺旋；12. 粗准焦螺旋；13. 标本助推螺旋；14. 镜臂。

2. 显微镜的使用

（1）显微镜的取送。取送显微镜时应右手握镜臂，左手托镜座，置于胸前。

（2）放镜。放镜时，应将显微镜置于观察者座位前的桌子内侧，距桌沿 5 厘米左右。

（3）对光。将低倍物镜对准通光孔。光源与光圈配合使用，调节视野内的亮度。

（4）低倍物镜的使用。用手转动粗准焦螺旋，使物镜徐徐下降，同时两眼从侧面注视物镜镜头，当物镜镜头与载物台的玻片相距 2～3 毫米时停止。注视目镜内并转动粗准焦螺旋，使物镜徐徐上升，直到看清物象为止。如果不够清楚，可调节细准焦螺旋，至清楚为止。

（5）高倍物镜的使用。先用低倍物镜找到观察的物象，并调到视野的正中央，然后转动物镜转换器换高倍物镜。换用高倍物镜后，视野内亮度变暗，因此一般选用较大的光圈并调高光源亮度，然后调节细准焦螺旋，直至物象清晰。高倍物镜下可观察的物体数目变少，但是体积变大。

任务实施

一、任务准备

1. 实训材料

洋葱、马铃薯块茎、蓖麻子药材粉末、大黄药材粉末、半夏药材粉末、甘草（或黄柏）

药材粉末、地骨皮（或牛膝）药材横切片、射干药材横切片、印度橡胶树叶（或无花果叶）横切片、桔梗药材纵切片、夹竹桃（或柿）叶和嫩枝等。

2. 实训器材及试剂

光学显微镜、载玻片、盖玻片、镊子、刀片、解剖针、剪刀、擦镜纸、培养皿、吸水纸、酒精灯，蒸馏水、甘油醋酸、稀碘液、稀甘油、水合氯醛溶液、苏丹Ⅲ试液、间苯三酚试液、浓盐酸（或浓硫酸）等。

二、观察植物细胞的基本结构、细胞后含物及细胞壁的特化

1. 用显微镜观察洋葱内表皮细胞的基本结构，辨别细胞壁、细胞质、细胞核、液泡等结构。

2. 用显微镜观察马铃薯块茎细胞的淀粉粒、桔梗细胞的菊糖、蓖麻子细胞的糊粉粒、大黄细胞的簇晶、半夏细胞的针晶、甘草（或黄柏）细胞的方晶、地骨皮（或牛膝）细胞的砂晶、射干细胞的柱晶的形态及特征。

3. 用显微镜观察夹竹桃（或柿）嫩枝细胞的细胞壁、马铃薯块茎细胞的细胞壁、夹竹桃（或柿）叶或其他植物叶细胞的细胞壁，并判断其类型。

三、任务测评

按表 7－5 进行任务测评，并做好记录。

表 7－5　任务评分标准

序号	考核内容	考核标准	配分	得分
1	显微镜的使用及细胞基本结构	能正确使用显微镜观察植物细胞基本结构，绘出所观察植物细胞结构图并标注各部分名称	30	
2	细胞后含物	能使用显微镜观察细胞后含物，并绘出所观察植物细胞后含物的形态图	40	
3	特化细胞壁	能使用显微镜观察特化细胞壁，并判断其特化类型	30	
合计			100	

思考与练习

如何鉴别天南星和半夏的药材粉末？

任务八　识别植物组织与维管束

学习目标

1. 了解维管束的类型，熟悉分生组织和基本组织的类型与特征，掌握保护组织、分泌组织、机械组织和输导组织的类型与特征。

2. 通过观察，能识别常见植物组织与维管束的类型。

任务引入

植物在生长过程中，经过细胞的分裂、生长和分化，形成了各种组织。植物组织是由许多来源相同、形态构造相似、生理功能相同、相互密切联系的细胞组成的细胞群。植物体内既有由同一类型细胞构成的简单组织，也有由不同类型细胞构成的复合组织。每种组织有其独立性，行使不同功能；不同组织间又相互协同，共同完成器官的生理功能。

根据形态结构和功能的不同，可将植物组织分为分生组织、薄壁组织、保护组织、机械组织、输导组织和分泌组织。后 5 类组织是由分生组织细胞分裂和分化形成的，具有一定形态特征和生理功能的细胞群，统称为成熟组织或永久组织。但成熟组织有时可根据植物体生长发育的需要而发生变化，如薄壁组织可以转化成次生分生组织或机械组织等。

由于植物类群或组织存在部位不同，植物体内的各种组织具有不同的特征，常可作为显微鉴定的重要依据。

相关知识

一、分生组织

植物体内具有分裂和分化能力的细胞群称分生组织。分生组织的细胞通常体积较小，排列紧密，无细胞间隙，细胞壁薄，不具纹孔，细胞质浓，细胞核大，无明显液泡。分生组织分布在植物体的各个生长部位，如根尖、茎尖等。分生组织的细胞代谢功能旺盛，具有强烈的分生能力，不断分生新细胞。其中，一部分细胞继续保持高度的分裂能力；另一部分细胞经过分化，形成不同的成熟组织，使植物体不断生长。植物体内的分生组织根据不同的分类方法又可分为不同的类型。

1. 根据分生组织的性质和来源分类

（1）原分生组织。原分生组织来源于种子的胚，是由胚保留下来的具有分裂能力的细胞群，位于根、茎最先端的部位。这些细胞没有任何分化，可长期保持分裂机能。

（2）初生分生组织。初生分生组织由原分生组织细胞分裂出来的细胞组成。这部分细胞一方面仍保持分裂能力，另一方面已经开始分化，可以视为原分生组织到成熟组织之间的过渡形式。如茎的初生分生组织可分化为 3 种不同组织，即原表皮层，将来发育成表皮；基本分生组织，将来发育成皮层和髓部；原形成层，将来发育成维管束的初生部分。

（3）次生分生组织。已经分化成熟的薄壁组织（如表皮、皮层、髓射线、中柱鞘等），经过生理和结构上的变化，细胞质变浓，液泡缩小，恢复分裂能力，成为次生分生组织，如大多数双子叶植物和裸子植物根的形成层、茎的束间形成层、木栓形成层等。这些分生组织一般呈环状排列，与纵轴平行。次生分生组织不断分裂和分化出次生保护组织和次生维管组织，形成根和茎的次生构造，使其不断增粗。

2. 根据分生组织在植物体内所处位置分类

（1）顶端分生组织。顶端分生组织是位于根、茎最顶端的分生组织，即根、茎顶端的生长锥（见图 8-1）。这部分细胞能长期保持旺盛的分生能力。顶端分生组织细胞不断分裂、分化出植物体的各种初生组织，进行初生生长，使根和茎不断伸长生长。

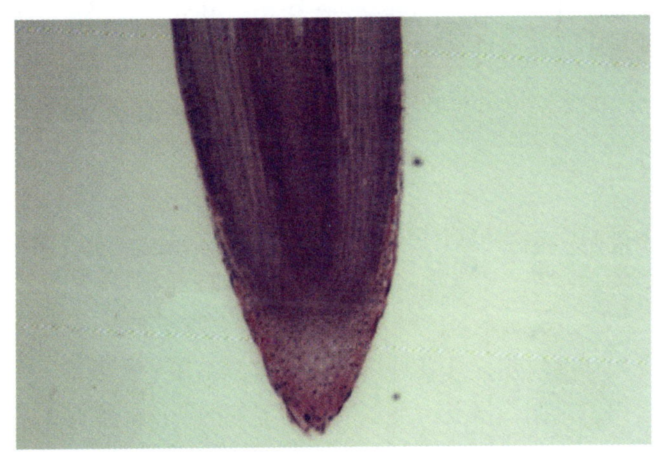

图 8-1　顶端分生组织（洋葱根尖）

（2）侧生分生组织。侧生分生组织来源于成熟组织，主要存在于裸子植物和双子叶植物的根和茎内，包括维管形成层和木栓形成层，它们排列成环状并与纵轴平行。侧生分生组织的活动可分化出各种次生组织，进行次生生长，使根和茎不断加粗。单子叶植物体内没有侧生分生组织，故一般不能增粗。

（3）居间分生组织。居间分生组织是从顶端分生组织细胞保留下来的一部分分生组织，位于茎、叶、子房柄、花柄等成熟组织之间，它们分生能力有限，只能保持一定时间的分裂与生长，而后转变为成熟组织（见图 8-2）。居间分生组织常存在于禾本科植物茎的节间基部，小麦、水稻等的拔节、抽穗，即与居间分生组织的活动有关。韭菜、葱、蒜等植物叶子上部被割除后，还可以长出新的叶片来，就是叶基部居间分生组织活动的结果。花生胚珠受精后，位于子房柄的居间分生组织开始活动，使子房柄伸长，子房被推入土中发育成果实，所以花生的果实生长在地下。

图 8-2 居间分生组织（玉米纵切面）

从各种分生组织的特征可以看出，顶端分生组织就其发生来说属于原分生组织，但原分生组织和早期的初生分生组织之间无明显分界，因此顶端分生组织也包括初生分生组织；而侧生分生组织相当于次生分生组织，居间分生组织则相当于初生分生组织。

二、薄壁组织

薄壁组织又称基本组织，在植物体中分布最广，是构成植物体的基础。薄壁组织在植物体内担负着同化、贮藏、吸收、通气等功能。薄壁组织细胞较大，排列疏松，形状多为球形、椭圆形、圆柱形、长方形、多面体等，均为生活细胞。细胞壁通常较薄，液泡较大。

薄壁组织细胞分化程度较浅，具有潜在的分生能力，在某些条件下可转变为分生组织或进一步发育成其他组织，对创伤恢复、不定根和不定芽的产生、嫁接的成活以及组织离体培养等具有实际意义。分离的薄壁组织或单个薄壁细胞，通过组织培养技术，都可能发育成为完整植株。

根据薄壁组织细胞结构和生理功能的不同，通常将其分为 5 类。

1. 基本薄壁组织

基本薄壁组织普遍存在于植物体各处，如根、茎的皮层和髓部，主要起填充和联系其他组织的作用。其液泡较大，排列疏松，具细胞间隙，在一定条件下能转化为次生分生组织。

2. 同化薄壁组织

同化薄壁组织又称绿色薄壁组织，其细胞含有较多叶绿体，多存在于植物体的绿色部位，如叶肉、茎的幼嫩部分、绿色萼片及果实等，是绿色植物进行光合作用，制造有机营养物质的主要部位。

3. 贮藏薄壁组织

贮藏薄壁组织是能够积聚营养物质（如蛋白质、脂肪和糖类等）的薄壁组织，多分布于植物的根、茎、果实和种子中。如仙人掌属、芦荟属及景天科等肉质植物的茎和叶片中有非常发达的贮水薄壁组织，蓖麻种子的胚乳中含有蛋白质和脂肪油等。

4. 吸收薄壁组织

吸收薄壁组织的主要生理功能是从外界吸收水分和营养物质，并将吸收的物质经皮层运输到输导组织中去。吸收薄壁组织主要位于根尖端的根毛区，该部位的部分细胞壁向外突起形成根毛。根的吸收与运输功能主要是由根毛和皮层来实现的。

5. 通气薄壁组织

通气薄壁组织主要存在于水生植物和沼生植物体内。通气薄壁组织中具有特别发达的细胞间隙，这些细胞间隙互相连接，形成四通八达的管道或较大气腔，不仅贮存了大量的空气，有利于植物内部的气体流通，同时对植物也有着漂浮和支持作用，如灯芯草的茎髓、莲的根状茎等。

此外，植物组织中还存在一种特化的薄壁细胞，称传递细胞，其特征是细胞壁向内生长，具有短途运输物质的功能。

三、保护组织

保护组织包被在植物各个器官的表面，由 1 层或数层细胞构成，细胞排列紧密，无间隙，细胞壁角质化或木栓化加厚，能防止水分的过分蒸腾，控制和进行气体交换，防止微生物、病虫的侵害及外界的机械损伤等，对植物起保护作用。根据来源和结构的不同，保护组织可分为表皮和周皮。

1. 表皮

表皮由初生分生组织的原表皮分化而来，属于初生保护组织，存在于植物没有进行次生生长的根、茎、叶、花、果实和种子等器官的表面，通常由 1 层生活细胞构成。

表皮细胞常为扁平的方形、长方形、多角形或波状不规则形，彼此嵌合，紧密排列，无细胞间隙；细胞内有细胞核、大型液泡及少量细胞质，一般不含叶绿体，并可贮有各种代谢产物。表皮细胞的细胞壁一般是厚薄不一的，外壁较厚，侧壁较薄，内壁最薄。表皮细胞的外壁不仅增厚，还常有不同类型的特殊结构和附属物。如有些植物表皮细胞外壁角质化，并在表面形成一层明显的角质层；有些植物蜡质渗入到角质层里面或分泌到角质层之外，形成蜡被，可防止植物体内的水分过分散失；还有些植物表皮细胞矿质化，如禾本科植物的硅质化细胞壁，可使器官表面粗糙、坚实。

除典型的表皮细胞外，表皮上还有不同类型的特化细胞，如各种类型的气孔和毛茸。

（1）气孔。气孔是指表皮上两个特化的保卫细胞围绕形成的孔隙，是植物体表面与外界进行气体交换的主要通道，能控制气体交换和调节水分蒸散。气孔连同两个保卫细胞合称气孔器。

大多数双子叶植物的保卫细胞为肾形，比周围的表皮细胞小，是生活细胞，细胞质丰富，细胞核明显，含有叶绿体。保卫细胞的细胞壁增厚程度不一，一般和表皮细胞相邻的细胞壁较薄，而两个保卫细胞相对合处的细胞壁较厚（见图 8－3）。因此，保卫细胞充水膨胀时，会向表皮细胞一侧弯曲成弓形，将气孔器分离部分的细胞壁拉开，使中间气孔张开，利于气体交换及水分的蒸腾和散失。失水时，保卫细胞向回收缩，细胞也相应变直一些，于是气孔缩小甚至闭合，从而控制气体交换及水分散失。气孔的张开和关闭都受温度、湿度、光照和二氧化碳浓度等多种外界环境因素的影响。

气孔多分布在叶片和幼嫩的茎上，在表皮上散列或成行分布。气孔的数量和大小常随器官的不同和所处的环境不同而异，如叶片的气孔较多，茎上的气孔较少，而根上几乎没有。

紧邻保卫细胞，与表皮细胞形状不同的细胞称副卫细胞。组成气孔器的保卫细胞和副卫细胞的排列关系称气孔轴式或气孔类型。双子叶植物常见的气孔轴式有以下 5 类：

①平轴式：气孔周围通常有 2 个副卫细胞，其长轴与保卫细胞和气孔的长轴平行。常见于茜草科（如茜草）、豆科（如番泻叶）等植物的叶。

②直轴式：气孔周围通常有 2 个副卫细胞，但其长轴与保卫细胞和气孔的长轴垂直。常见于石竹科（如瞿麦）、唇形科（如薄荷）和爵床科（如穿心莲）等植物的叶。

③不等式：气孔周围通常有 3～4 个副卫细胞，大小不等，其中一个副卫细胞明显较小。常见于十字花科（如菘蓝）、茄科（如曼陀罗）等植物的叶。

④不定式：气孔周围的副卫细胞数目不定，其大小基本相同，而形状与其他表皮细胞基本相似。常见于菊科（如菊）、桑科（如桑）、蔷薇科（如枇杷）等植物的叶。

⑤环式：气孔周围的副卫细胞数目不定，其形状比其他表皮细胞狭窄，围绕气孔器排列成环状。如茶、桉等植物的叶。

单子叶植物的气孔类型也很多，以禾本科植物最为典型，其特点是保卫细胞呈两头膨大、中间细长的哑铃型，副卫细胞呈三角形或扇形，位于保卫细胞两侧（见图 8－3）。

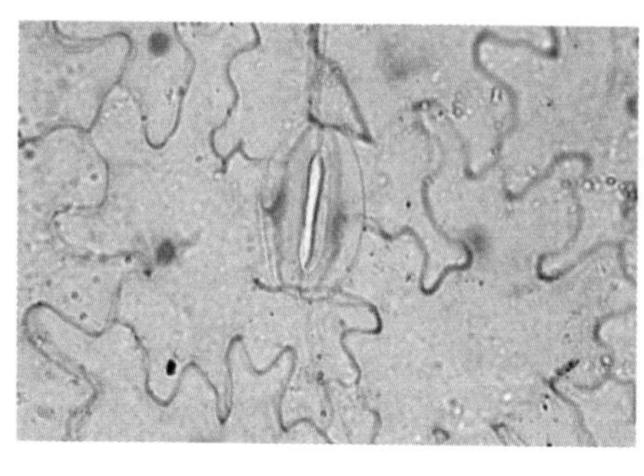

a

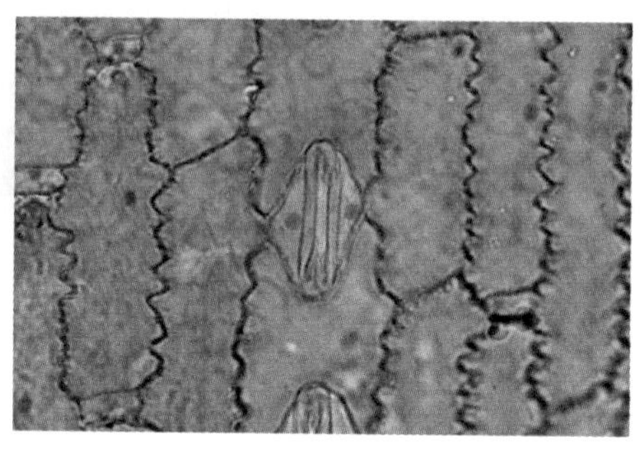

b

图 8－3　气孔

a. 双子叶植物气孔（菊叶） b. 单子叶植物气孔（玉米叶）

各种植物具有不同类型的气孔轴式，同一植物的同一器官上也常有 2 种及 2 种以上类型的气孔轴式，且分布情况也不同。这对植物分类鉴定和药材鉴定具有一定价值。

（2）毛茸。毛茸是表皮细胞向外特化形成的突出物，具有保护、减少水分过分蒸发、分泌物质等作用。根据毛茸的结构和功能常将其分为腺毛和非腺毛 2 种类型。

①腺毛：由多个细胞构成，有腺头和腺柄之分。腺头通常膨大呈圆球形，能产生分泌物，如挥发油、树脂、黏液等，由 1 个或几个分泌细胞组成；腺柄没有分泌功能，由 1 个或多细胞组成。薄荷、益母草等唇形科植物叶片上还有一种无柄或短柄的腺毛，通常由 6～8 个细胞

组成，其头部常呈扁球形，称腺鳞。除此之外，还有一些特殊类型的腺毛，如广藿香的茎和叶，以及绵马贯众的叶柄和根状茎中的腺毛存在于薄壁组织内部的细胞间隙中，称间隙腺毛；食虫植物的腺毛能分泌多糖类物质以吸引昆虫，同时还可分泌特殊的消化液，能将捕捉到的昆虫消化掉等。

②非腺毛：无头、柄之分，末端通常尖狭，不具有分泌功能，单纯起保护作用。组成非腺毛的细胞数目有1个或多个，形状有线状、分枝状、丁字形、星状、鳞片状等（见图8-4）。

不同植物毛茸的形态各异，可作为鉴定的重要依据之一。在同一种植物甚至同一器官上也可存在不同形态的毛茸。如在薄荷叶上既有非腺毛，又有腺毛和腺鳞。有的植物花瓣表皮细胞向外突出呈乳头状，称乳头状细胞或乳头状突起，一般认为是表皮细胞与毛茸的中间形式。

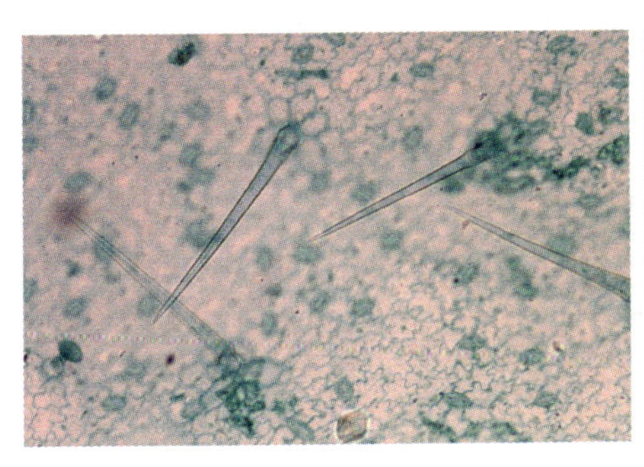

a

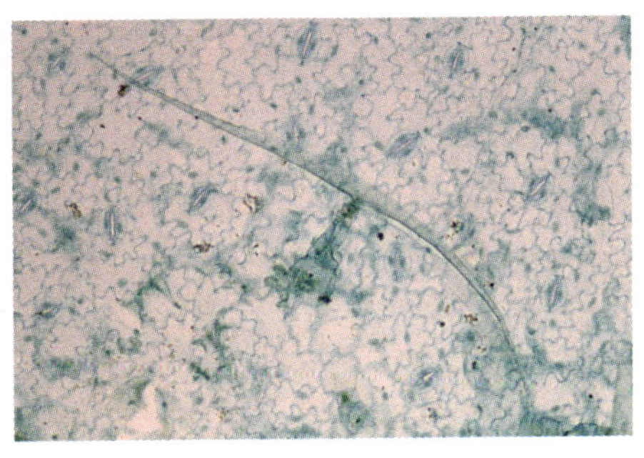

b

图8-4　非腺毛

a. 线状毛（天竺葵）　b. 丁字毛（菊）

2. 周皮

当植物体进行次生生长时，由于根和茎加粗生长，原有的初生保护组织表皮被破坏，植物体相应地形成次生保护组织——周皮，来代替表皮行使保护作用。周皮是由木栓层、木栓形成层和栓内层形成的复合组织（见图8-5）。

植物叶、花和果实的表面通常只具有表皮，而双子叶植物根和茎的表面在幼嫩时短暂具有表皮，随后因进行次生生长而具有周皮。

木栓形成层由表皮、皮层、中柱鞘或韧皮部的薄壁细胞恢复分裂能力而形成。其细胞形状较规则，多呈扁长方形，常发生于裸子植物和双子叶植物的根和茎次生生长时。木栓形成层细胞活动时，产生的细胞向外分裂形成木栓层，向内分裂形成栓内层。随着植物的生长，木栓层细胞的层数不断增加，细胞多呈扁平状，排列紧密整齐，无细胞间隙；细胞壁木栓化，常较厚；细胞内原生质体解体，为死亡细胞。茎中栓内层细胞常含叶绿体，故又称绿皮层。

皮孔也是植物气体交换的通道。最初的皮孔常于气孔下面发生，此处木栓形成层比其他部分更为活跃，向外分裂产生大量的非木栓化薄壁细胞，细胞呈椭圆形、圆形等，排列疏松，细胞间隙比较发达，称填充细胞。填充细胞将表皮突破形成的圆形或椭圆形裂口，称皮孔。在木本植物的茎和枝的表面常可见到各种形状的突起，即为皮孔。其形态、大小和分布可作为皮类药材鉴定依据之一。

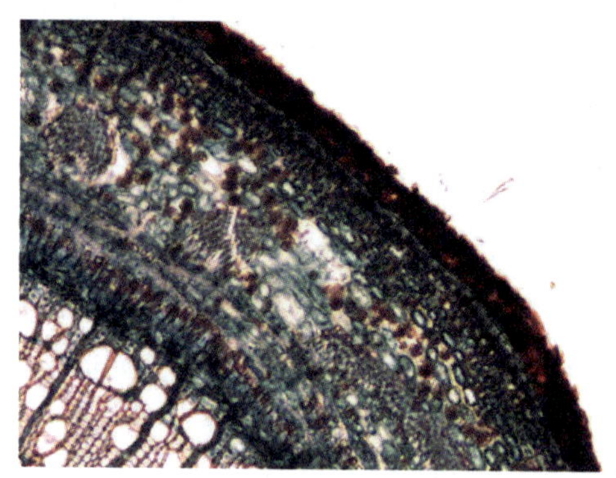

图 8-5　周皮

四、机械组织

机械组织的细胞一般为多角形、细长形或类圆形，细胞壁局部或全面增厚，在植物体内起巩固和支持作用。植物的幼嫩器官没有机械组织或机械组织很不发达，依靠细胞内膨压使其保持正常生长状态。根据细胞的形态和细胞壁增厚的方式，可将机械组织分为厚角组织和厚壁组织。

1. 厚角组织

厚角组织细胞是生活细胞，细胞内含有叶绿体，可进行光合作用，具有一定的潜在分生能力。在横切面上细胞常呈多角形，细胞壁不均匀增厚，一般在角隅处加厚，故称厚角组织（见图 8-6）。也有的在切向壁或靠近细胞间隙处加厚。细胞壁的主要成分是纤维素和果胶，不含木质素，硬度不强。厚角组织既有一定的坚韧性，又有可塑性和延伸性；既可支持植物直立，也可适应植物的迅速生长。厚角组织常分布于植物的幼茎、花梗和叶柄中。在表皮下呈环状或者束状分布，在茎的棱角处特别发达，如薄荷、芹菜、益母草等。

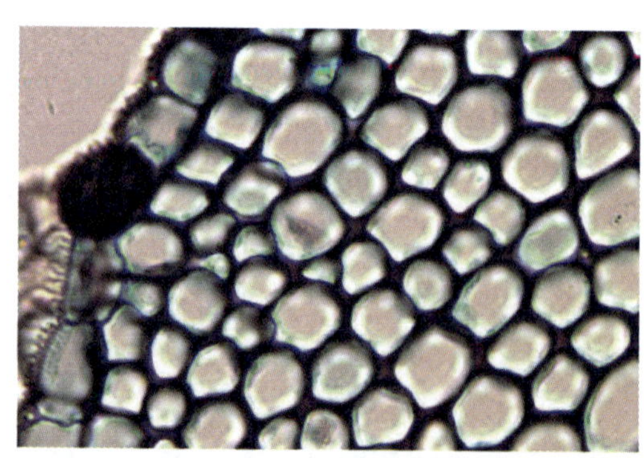

图 8-6　厚角组织（薄荷茎）

2. 厚壁组织

厚壁组织是植物体中重要的支持组织，细胞具有全面增厚的次生壁，并大多木质化，细胞壁常较厚，有明显的层纹和纹孔，细胞腔较小，比较坚硬；成熟后一般没有生活的原生质体，成为死亡细胞。厚壁组织细胞常单个或成群分布在其他组织中。根据细胞的形态不同，可将其分为纤维和石细胞。

（1）纤维。纤维通常为两端尖斜的细长形细胞，尖端彼此镶嵌成束。纤维细胞具有明显增厚的次生壁，加厚的主要成分是纤维素和木质素，常木质化而坚硬，细胞腔小或几乎没有，细胞质和细胞核消失，多为死细胞。纤维广泛分布于植物器官的各组织中，成束分布。根据纤维在植物体内存在的位置，可将其分为木纤维和韧皮纤维。

①木纤维：为长轴形纺锤状细胞，具木质化的次生壁，细胞腔小，壁上具有不同形状的退化具缘纹孔或裂隙状单纹孔。木纤维细胞壁的增厚程度随植物种类、生长部位以及生长时期不同而异。如黄连、大戟、川乌、牛膝等的木纤维壁较薄，而栗的木纤维细胞壁则常显著增厚。就生长季节而言，春季生长的木纤维细胞壁较薄，而秋季生长的木纤维细胞壁较厚。木纤维细胞壁厚而坚硬，增加了植物体的机械支持作用，但木纤维细胞的弹性和韧性较差，脆而易断。

木纤维仅存在于被子植物的木质部中，为被子植物木质部的主要组成部分。裸子植物的木质部中没有纤维，主要由管胞组成，管胞同时具有输导和机械支持作用。这也是裸子植物原始于被子植物的特征之一。

②韧皮纤维：多分布在韧皮部，在一些植物的薄壁组织或皮层等组织中也常存在。韧皮纤维细胞多呈长纺锤形，两端尖，细胞壁厚，细胞腔呈缝隙状，横切面观细胞常呈圆形、长圆形等。细胞壁常呈现出同心纹层，增厚的成分主要是纤维素，木质化程度较低或无木质化。具有较大的韧性，拉力较强，如芝麻、亚麻等植物的韧皮纤维。但也有一些植物的韧皮纤维木质化程度较深，如洋麻、苘麻及一些禾本科植物的韧皮纤维。

此外，有些纤维细胞腔中生有薄横隔膜，称分隔纤维，在姜、葡萄属植物的木质部和韧皮部中，以及茶藨子的木质部中有分布。有些纤维聚集成束，其外侧被许多含有晶体的薄壁细胞包围组成复合体，称晶鞘纤维或晶纤维，在甘草、黄皮树、葛等植物中有分布。

（2）石细胞。石细胞广泛分布于植物体内，是特别硬化的厚壁细胞。其形状多样，多为近等径形，长宽比一般不超过 8，也有椭圆形、类圆形、类方形、不规则形、分枝状、星状、柱状、骨状、毛状等。石细胞多由薄壁细胞的细胞壁显著增厚而形成，也有些由分生组织活动的衍生细胞所产生。石细胞的次生壁极度木质化增厚，有较强的支持作用（见图 8－7）。

石细胞细胞壁的极度增厚使其细胞腔缩小，细胞壁的内表面积也随之缩小，细胞壁上的单纹孔因此变长而呈沟状，称纹孔沟。数量较多的纹孔沟在细胞壁内表面彼此汇合而呈分枝状。石细胞多见于茎、叶、果实和种子中，可单个或成群分散于植物组织中，也可连成环状，如肉桂的石细胞。梨的果肉中普遍存在着石细胞，石细胞的多少也是评价梨品质的标准之一。石细胞更常存在于某些植物的果皮和种皮中，组成坚硬的保护组织，如椰子、胡桃等坚硬的内果皮及菜豆、栀子的种皮等。石细胞亦常见于茎的皮层中，如黄皮树、黄藤；或存在于髓部，如三角叶黄连、白薇等；或存在于维管束中，如厚朴、杜仲、肉桂等。

石细胞的形状变化很大，是鉴定植物重要的依据。如梨果肉中的圆形或类圆形石细胞，黄芩和乌头根中长方形、类方形、多角形的石细胞，梅种皮中壳状、盔状的石细胞，厚朴和黄皮树中的不规则状石细胞。此外，还有一些形状特殊的石细胞，如山茶叶柄中的长分枝状石细胞，山桃种皮中状如非腺毛的石细胞等。

在鉴定过程中，还可以见到一些特殊的石细胞，如虎杖根及根状茎中的分隔石细胞，这种石细胞腔内具有薄横隔膜；南五味子根皮中的石细胞为嵌晶石细胞，其次生壁外层嵌有非常细小的草酸钙晶体，并常稍突出于表面；有的石细胞内含有各种形状的草酸钙结晶，如侧柏种子、桑寄生茎及叶内石细胞均存在草酸钙方晶，龙胆根内石细胞含有砂晶，紫菀根及根状茎石细胞内含有簇晶。

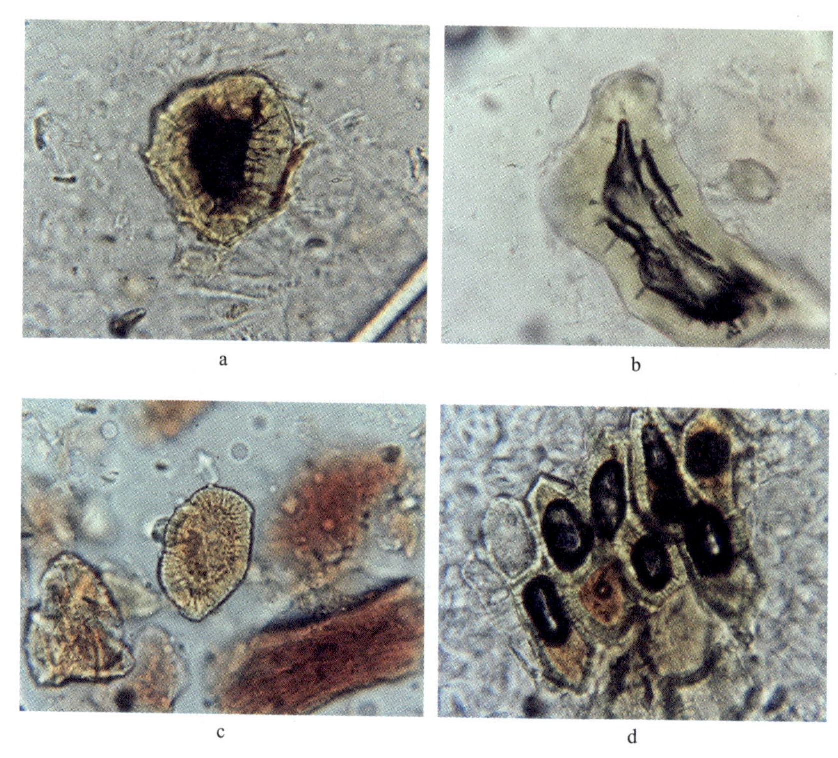

图 8-7 各种石细胞

a. 黄芩 b. 黄皮树 c. 五味子 d. 栝楼

五、输导组织

输导组织是植物体内运输水分和各种营养物质的组织。虽然在低等植物或高等植物的某些组织中存在细胞间转输，但这仅是一种原始的或辅助的输导方式。在植物长期的进化过程中，蕨类植物、裸子植物和被子植物形成了发达的、进化的输导组织系统，成为维管植物最重要的组织特征。

输导组织的细胞一般呈上下相接的长管状，贯穿于植物体内，使各个器官成为连续的系统。根据运输物质的不同，可将输导组织分为两大类：一类是木质部中的导管和管胞，主要运输水分和溶解于水中的无机盐、营养物质等；另一类是韧皮部中的筛管、伴胞和筛胞，主要运输溶解状态的同化产物。

1. 导管和管胞

（1）导管。导管是被子植物的主要输水组织，仅少数原始被子植物和一些寄生植物无导管，如金粟兰科草珊瑚属植物等；少数进化的裸子植物类群，如麻黄科植物和少数蕨类植物也有导管存在。导管是一系列长管状或筒状的细胞（即导管分子），通过横壁彼此首尾相连形成的一个贯通的管状结构。导管的横壁溶解后形成穿孔，具有穿孔的横壁称穿孔板。导管的长度为数厘米至数米不等，直径大小也不相同，直径越大输送水分的效率越高。导管分子幼时是生活细胞，在成熟过程中细胞壁的次生壁常木质化增厚，成熟后细胞的原生质体分解成为死细胞。因此，一般认为导管是许多死亡细胞连成的管状结构。但葡萄卷须中的导管分子含有原生质体和细胞核，也有人在麻黄、丝瓜和棉花的导管中观察到原生质体和细胞核。

导管分子横壁的溶解使导管输水效率较高，每个导管分子的侧壁上还存在许多不同类型的纹孔，相邻的导管又可以靠侧壁上的纹孔运输水分。导管在形成过程中，其木质化的次生壁并不是均匀增厚，而是形成了不同的纹理或纹孔。根据导管次生壁增厚所形成的纹理不同，常可将其分为 5 种类型。

①环纹导管：导管次生壁上木质化增厚的部分呈环状，增厚的环纹之间仍为薄的初生壁，有利于导管随器官的生长而伸长。环纹导管的直径较小，常出现在器官的幼嫩部分，如南瓜、凤仙花的幼茎中（见图 8-8）。

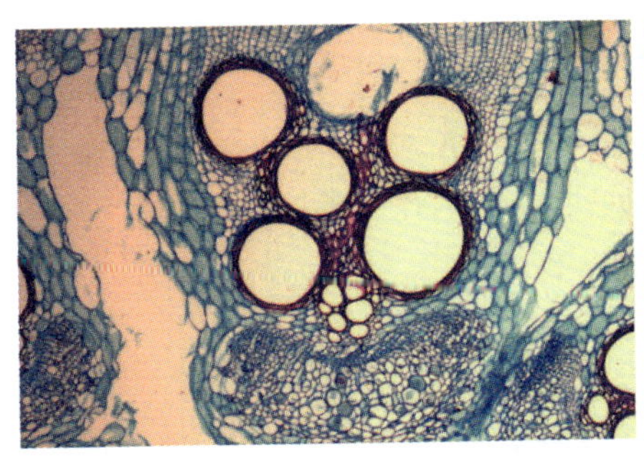

a

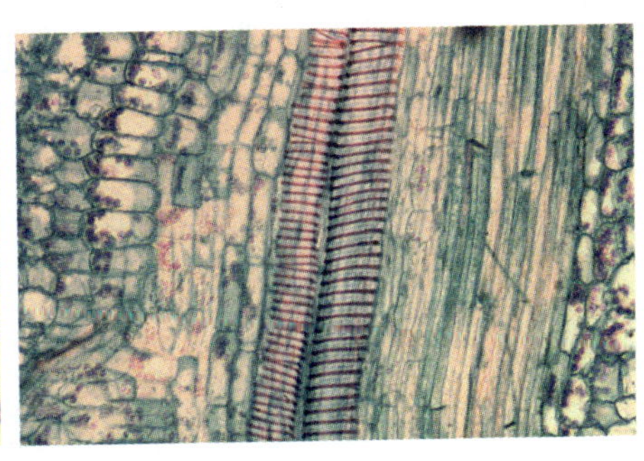

b

图 8-8　环纹导管（南瓜）

a. 横切面　b. 纵切面

②螺纹导管：导管次生壁上木质化增厚的部分呈 1 条或数条螺旋带状，不妨碍导管的伸长生长。螺纹导管的直径也较小，多存在于植物器官的幼嫩部分（见图 8-9）。

③梯纹导管：导管增厚的木质化次生壁与未增厚的初生壁间隔呈梯形。这种导管木质化的次生壁占有较大比例，分化程度较深，不易进行伸长生长。多存在于器官的成熟部分，如葡萄茎和白术根状茎中（见图 8-10）。

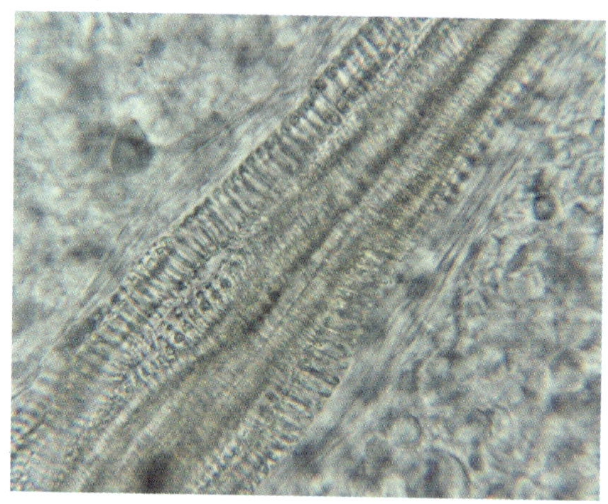

图 8-9　螺纹导管（半夏）

图 8-10　梯纹导管（白术）

④网纹导管：导管增厚的木质化次生壁交织呈网状，网孔为未增厚的部分。其直径较大，多存在于器官的成熟部分，如栝楼的根中（见图 8-11）。

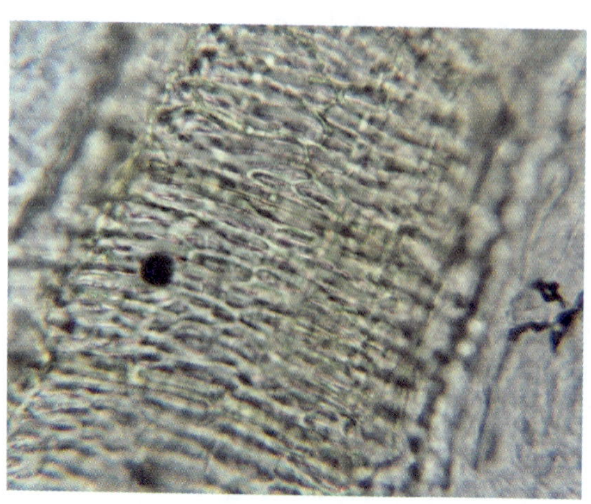

图 8-11　网纹导管（栝楼）

⑤孔纹导管：导管次生壁几乎全面木质化增厚，未增厚部分为单纹孔或具缘纹孔。导管直径较大，多存在于器官的成熟部分，如甘草根、川赤芍根和拳参根状茎中（见图 8－12）。

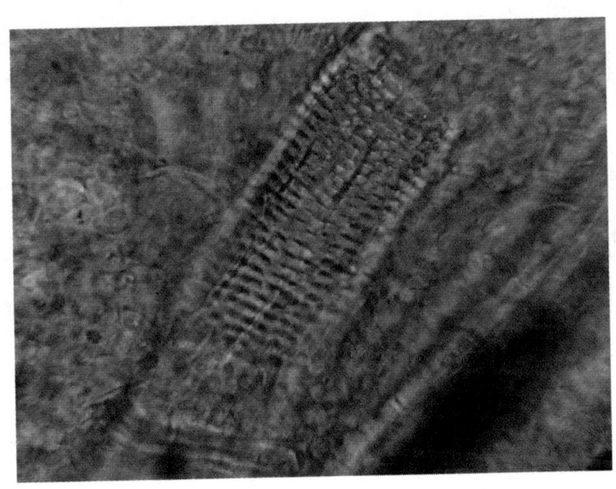

图 8－12　孔纹导管（甘草）

一种植物的木质部中虽不具有全部类型的导管，但常可见不止一种类型的导管，如南瓜茎的纵切片中常可见到典型的环纹和螺纹存在于同一导管上。导管类型之间还有一些中间类型，如掌叶大黄根状茎中常可见到网纹导管未增厚的部分横向延长，出现了梯纹和网纹的中间类型，这种类型又往往称为梯－网纹导管。

环纹导管和螺纹导管在器官的形成过程中出现较早，多存在于植物体的幼嫩部分，可随植物器官的生长而伸长，一般直径较小，输导能力较差，次生壁加厚较少，属于原始的初生类型。梯纹导管、网纹导管和孔纹导管在器官中出现较晚，多存在于器官的成熟部分。其细胞壁增厚的面积较大，使管壁较坚硬，有较强的机械支撑作用，可抵抗周围组织的压力，保持其输导作用，属于进化的次生类型。

（2）管胞。管胞是绝大部分蕨类植物和裸子植物的输水组织，同时还具有支持作用。在被子植物的木质部中也可发现管胞，特别是叶柄和叶脉中，但数量较少，管胞和导管分子在形态上有明显的不同，管胞为单个细胞，呈长管状，但两端尖斜，不形成穿孔。相邻管胞彼此间通过管胞侧壁上的纹孔输导水分，因此，其输导效率比导管低，为一类较原始的输导组织。管胞与导管一样，由于其细胞壁次生加厚并木质化，细胞内原生质体消失而成为死亡细胞，并且其木质化次生壁的增厚也常形成各种纹理，如环纹、螺纹、梯纹、孔纹等类型。

2. 筛管、伴胞和筛胞

（1）筛管。筛管主要存在于被子植物的韧皮部中，是运输有机物质的管状组织。筛管是由一些生活的管状细胞纵向连接而成的，组成筛管的单个管状细胞称筛管分子。相连的筛管分子的横壁上有许多小孔，称筛孔，具有筛孔的横壁称筛板（见图 8－13）。筛管分子通过两端筛孔的原生质丝彼此相连，这种原生质丝称联络索。有些植物的筛孔也见于筛管的侧壁上，相邻筛管通过侧壁上的筛孔彼此联系。筛孔集中分布的区域又称筛域，只有一个筛域的筛板称单筛板，分布数个筛域的筛板则称复筛板。联络索通过筛孔上下相连，彼此贯通，形成有机物质运输的通道（见图 8－14）。

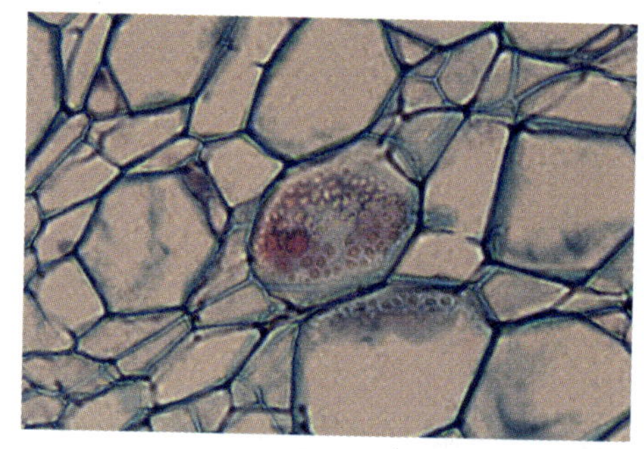
图 8－13　筛板（南瓜）

图 8－14　筛管（南瓜）

筛管在发育的早期阶段具有细胞核，并有浓厚的细胞质、线粒体等；在筛管形成过程中，细胞核逐渐溶解而消失，细胞质减少，线粒体变小；筛管形成后，筛管细胞成为无核的生活细胞。

筛板形成后，在筛孔的四周围绕联络索可逐渐积累一些黏稠的碳水化合物，称胼胝质；随着筛管的不断老化，胼胝质将会不断增多，最后形成垫状物，称胼胝体。一旦胼胝体形成，筛孔将会被堵塞，联络索中断，筛管也将失去运输功能。

筛管分子一般在春季形成层活动期间形成，在冬季来临前形成胼胝体，暂时停止输导作用，而在来年春季胼胝体溶解，筛管又逐渐恢复输导功能；另一些较老的筛管形成胼胝体后将会永远失去输导功能而被新筛管所取代。多年生单子叶植物的筛管可长期甚至整个生活期保持输导功能。

（2）伴胞。伴胞和筛管是由同一筛管母细胞分裂而来。伴胞常存在于被子植物筛管分子旁边，呈细长形并与筛管紧紧贴生在一起。伴胞与筛管相邻的壁上常有许多纹孔，有胞间连丝相互联系，细胞质浓，细胞核大，含有多种酶类物质，生理活动旺盛。研究表明，筛管的运输功能和伴胞的生理活动密切相关，筛管死亡后，伴胞将随之失去生理活性。伴胞为被子植物所特有，裸子植物和蕨类植物没有伴胞。

（3）筛胞。筛胞存在于蕨类植物和裸子植物中，运输光合作用产生的有机物质。筛胞是单个细胞，无伴胞存在，形状狭长，直径较小，两端尖斜，无特化的筛板，只有存在于侧壁上的筛域。筛胞不能像筛管那样首尾相连接，只能彼此重叠存在，靠侧壁上筛域的筛孔运输。因此，筛胞输导机能较差，是比较原始的输导组织。

六、分泌组织

植物在新陈代谢过程中，一些细胞能分泌某些特殊物质，如挥发油、乳汁、黏液、树脂、蜜液、盐类等，这种细胞称分泌细胞。由分泌细胞所构成的组织称分泌组织，分布在植物体的各个部位，产生的分泌物可以防止组织腐烂，促进创伤愈合，免受动物侵害，排出或积累体内代谢废物等；有的还可以引诱昆虫帮助传粉。很多分泌物可作药用，如乳香、没药、松节油、樟脑、松香及各种芳香油等。根据分泌细胞产生的分泌物是积累在植物体内部还是排出体外，常把分泌组织分为外部分泌组织和内部分泌组织。

1. 外部分泌组织

外部分泌组织是分布在植物体表，并将分泌物排出体外的分泌结构，如腺毛、蜜腺等。

（1）腺毛。腺毛是具有分泌作用的表皮细胞，常由表皮细胞分化而来。腺毛有腺头和腺柄之分（见图 8－15）。腺头细胞能分泌物质，其表面覆盖着较厚的角质层，分泌物排出细胞体外后积聚在细胞壁和角质层之间，进而由角质层渗出或角质层破裂后排出。腺毛多存在于植物的茎、叶、芽鳞、子房、花萼、花冠等部分。

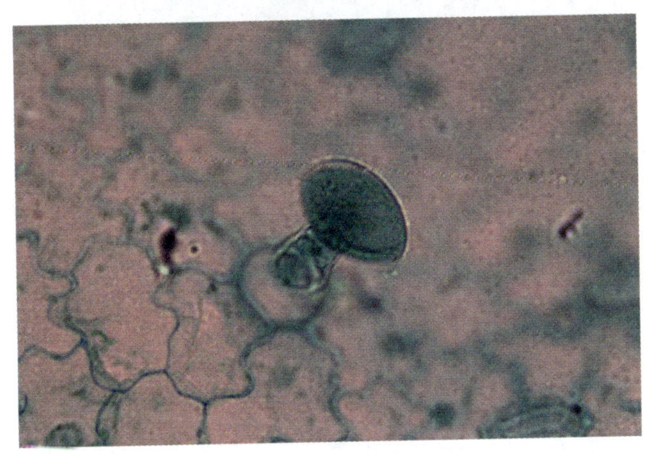

图 8－15　腺毛（天竺葵）

（2）蜜腺。蜜腺是能分泌蜜液的腺体，由 1 层表皮细胞及其下面数层细胞特化而成。腺体细胞的细胞壁比较薄，无角质层或角质层很薄；细胞质较浓，能产生蜜液并通过角质层扩散或经腺体表皮上的气孔排出。蜜腺一般位于花萼、花冠、子房或花柱的基部，称花蜜腺。具蜜腺的花均为虫媒花，如油菜、荞麦、酸枣和槐。蜜腺除存在于花部外，还存在于茎、叶、托叶和花柄处，称花外蜜腺，如蚕豆托叶上的紫黑色腺点，梧桐叶下的红色小斑，大戟属植物花序上的杯状蜜腺等。

2. 内部分泌组织

内部分泌组织分布在植物体内，分泌物也积存在体内。根据内部分泌组织形态结构和产生分泌物的不同，可将其分为分泌细胞、分泌腔、分泌道和乳汁管。

（1）分泌细胞。分泌细胞是单个或成团（列）分散在其他组织中，具有分泌能力的细胞，分泌物积聚于该细胞中。当分泌物充满整个细胞时，细胞也往往木栓化，成为死细胞，这时的分泌细胞失去分泌功能，而其作用就犹如贮藏室（见图 8－16）。根据产生分泌物的不同，又可将其分为油细胞，如姜、肉桂等；黏液细胞，如半夏、玉竹、白及等；单宁细胞，如豆科、蔷薇科、壳斗科的一些植物等；芥子酶细胞，如十字花科植物等。

（2）分泌腔。分泌腔又称分泌囊或油室，分泌物常聚集于囊状结构的细胞间隙中，可呈圆球形。根据分泌腔形成的过程和结构，常将其分为溶生式分泌腔和裂生式分泌腔两类。

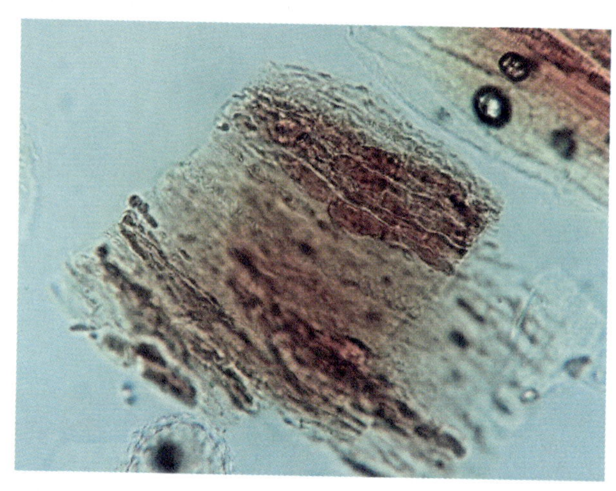

图 8-16　分泌细胞（红花）

①溶生式分泌腔：薄壁组织中的一群分泌细胞随产生的分泌物逐渐增多，细胞壁破裂溶解，在体内形成含有分泌物的腔室，如橘皮、桉叶等（见图 8-17）。

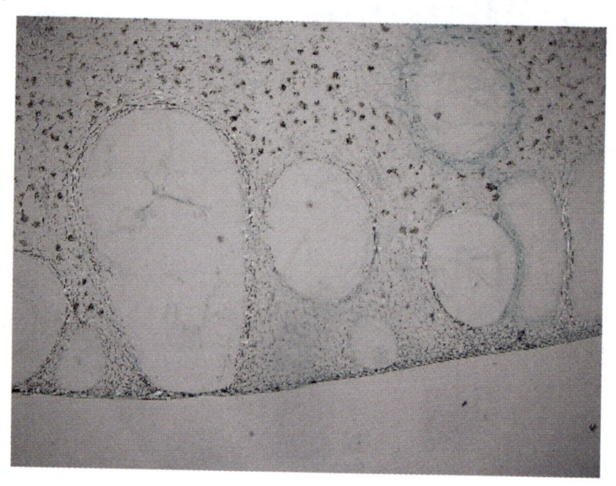

图 8-17　溶生式分泌腔（橘）

②裂生式分泌腔：一群分泌细胞彼此分离形成细胞间隙，随着产生的分泌物逐渐增多，细胞间隙逐渐扩大而形成腔室，分泌细胞不被破坏，完整地包围着腔室，如当归根中的分泌腔等。

（3）分泌道。分泌道是由分泌细胞彼此分离形成的长管状细胞间隙腔道，周围的分泌细胞称上皮细胞，上皮细胞产生的分泌物贮藏于腔道中。在松科、柏科和一些木本双子叶植物中可观察到贮藏有不同分泌物的分泌道。根据贮藏分泌物的不同可将分泌道分为树脂道、油管和黏液道等。如松属植物茎中的分泌道贮藏着由上皮细胞分泌的树脂，称树脂道（见图 8-18）；小茴香果实的分泌道含有挥发油，称油管；美人蕉的分泌道含有黏液，称黏液道或黏液管。

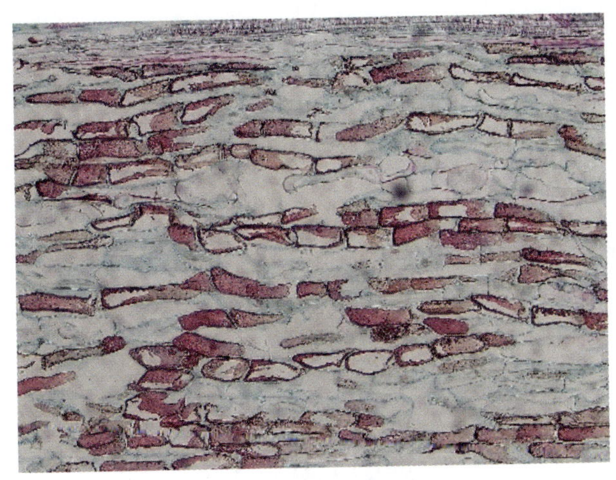

图 8-18 树脂道（松树）

（4）乳汁管。乳汁管是能分泌乳汁的单个长管状细胞或一系列细胞通过端壁溶解连接而成的管道。构成乳汁管的细胞主要是生活细胞，细胞质稀薄，通常具有多数细胞核，液泡里含有大量乳汁。乳汁管分布在薄壁组织内，如皮层、髓部以及子房壁内等，具有贮藏和运输营养物质的功能。有乳汁管的植物很多，如菊科蒲公英属、莴苣属，大戟科大戟属、橡胶树属，桑科桑属、榕树属，桔梗科党参属、桔梗属等。

根据乳汁管结构的不同，可将其分为无节乳汁管和有节乳汁管。前者仅由 1 个细胞构成，这个细胞又称乳汁细胞；细胞分枝或不分枝，长度可达数米，如夹竹桃科、萝藦科、桑科及大戟科大戟属等一些植物的乳汁管。后者由许多细胞连接而成，连接处的细胞壁溶解贯通，成为多核巨大的管道系统，乳汁管可分枝或不分枝，如菊科、桔梗科、罂粟科、旋花科等一些植物的乳汁管。

七、维管束

维管束是蕨类植物、裸子植物、被子植物等维管植物的输导系统，呈束状结构，贯穿整个植物体的内部，除具有输导功能外，还起着支持作用。维管束主要由韧皮部与木质部组成。被子植物中韧皮部由筛管、伴胞、韧皮薄壁细胞和韧皮纤维组成，木质部由导管、管胞、木薄壁细胞和木纤维组成；裸子植物和蕨类植物的韧皮部主要由筛胞和韧皮薄壁细胞组成，木质部由管胞和木薄壁细胞组成。

裸子植物和双子叶植物的维管束在木质部和韧皮部之间常有形成层存在，能持续不断地分生生长，这种维管束称无限型维管束或开放型维管束；蕨类植物和单子叶植物的维管束中无形成层，不能不断地进行分生生长，这种维管束称有限型维管束或闭锁型维管束。

根据维管束中韧皮部与木质部排列方式的不同以及形成层的有无，可将维管束分为 5 种类型。

1. 外韧型维管束

外韧型维管束是指韧皮部位于外侧，木质部位于内侧的维管束。若中间没有形成层，不能增粗生长，称有限外韧型维管束，如单子叶植物茎的维管束；若韧皮部与木质部之间有形成层，可使植物逐渐增粗生长，称无限外韧型维管束，如裸子植物和双子叶植物茎中的维管束。

2. 双韧型维管束

双韧型维管束的木质部内外两侧都有韧皮部，在外侧韧皮部与木质部间有形成层（见图 8－19）。常见于夹竹桃科、萝藦科、旋花科、桃金娘科等植物茎中。

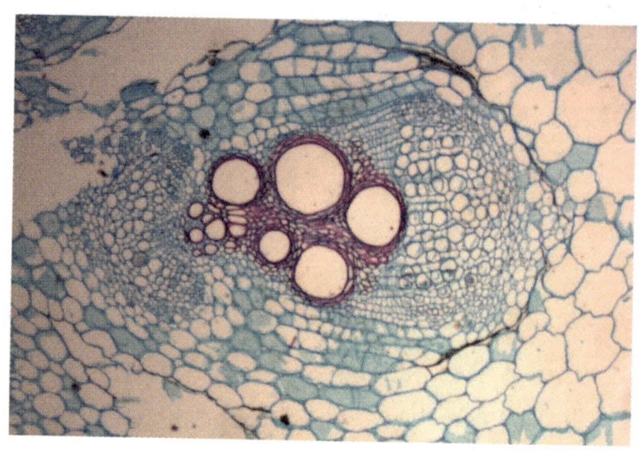

图 8－19 双韧型维管束

3. 周韧型维管束

周韧型维管束的木质部位于中央，韧皮部围绕在木质部的四周。如百合科、禾本科、棕榈科、蓼科及蕨类的某些植物中的维管束。

4. 周木型维管束

周木型维管束的韧皮部位于中央，木质部围绕在韧皮部的四周。常见于少数单子叶植物的根状茎，如莎草科、仙茅科、鸢尾科、百合科和天南星科等植物的维管束。

5. 辐射型维管束

辐射型维管束的韧皮部和木质部相互间隔呈辐射状排列，仅见于被子植物根的初生构造（见图 8－20）。

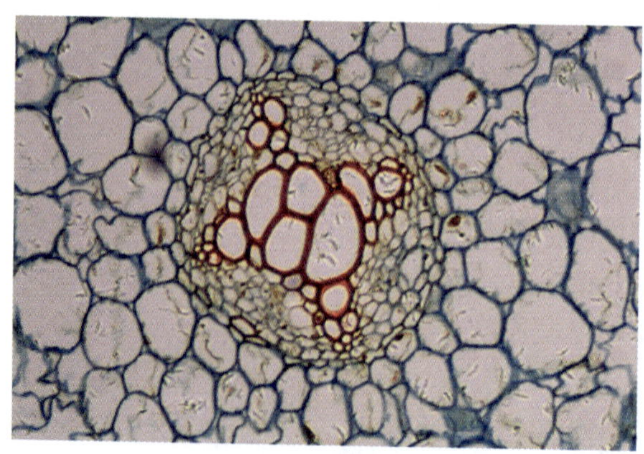

图 8－20 辐射型维管束

任务实施

一、任务准备

1. 实训材料

新鲜或干燥的薄荷叶、番泻叶、桑叶、淡竹叶、橘叶、橘果皮等，薄荷、益母草、黄芩、川赤芍、甘草、关木通、黄皮树、姜、掌叶大黄、半夏、南瓜、松属植物等的茎，梨、栀子等的果实。

2. 实训器材及试剂

显微镜、载玻片、盖玻片、蒸馏水、镊子、刀片、解剖针、培养皿、吸水纸、擦镜纸、酒精灯，稀甘油、蒸馏水、水合氯醛溶液等。

二、观察植物组织的形态与结构

1. 用显微镜观察薄荷叶、番泻叶、桑叶、淡竹叶等的表皮组织，辨别气孔轴式、毛茸及表皮细胞的特征。

2. 用显微镜观察薄荷、益母草、黄芩、赤芍、甘草、关木通、黄皮树、姜等的茎和梨、栀子等的果实的机械组织，辨别厚角组织、纤维、石细胞等结构。

3. 用显微镜观察大黄、半夏、南瓜、松属植物等的茎的输导组织，辨别导管、管胞、筛管及伴胞等结构。

4. 用显微镜观察姜、橘果皮、橘叶等的分泌组织，辨别油细胞、分泌腔等结构。

三、任务测评

按表 8－1 进行任务测评，并做好记录。

表 8－1　　任务评分标准

序号	考核内容	考核标准	配分	得分
1	制片	能按照正确的方法制作水合氯醛透化片	20	
2	表皮组织	能使用显微镜观察表皮组织，找到气孔、毛茸，并判断其类型	25	
3	机械组织	能使用显微镜观察机械组织，找到厚角组织、纤维和石细胞	15	
4	输导组织	能使用显微镜观察输导组织，找到导管、管胞、筛管和伴胞，并判断其类型	25	
5	分泌组织	能使用显微镜观察分泌组织，找到油细胞和分泌腔	15	
合计			100	

思考与练习

植物组织的形态、结构和类型多样，试试用实例来说明植物组织的形态、结构和功能是高度统一的。

任务九　识别根的显微构造

学习目标

1. 了解根的异常构造，熟悉双子叶植物根的次生构造，掌握双子叶植物根与单子叶植物根的初生构造。

2. 通过观察，能识别常见药用植物根的构造。

任务引入

不同植物的根在形态和内部构造上存在差异。有些植物的根在其整个生命周期始终维持着初生构造，有些则经历由初生生长到次生生长的过程，形成次生构造。此外，有些植物的根还具有异常维管束。根的显微鉴别特征主要是横切面的特点，根的初生构造和次生构造对中药的鉴定具有重要作用。

相关知识

一、根尖的构造

根尖是指根的顶端到着生根毛的区域，是根中最重要、生命活动最旺盛的部分。根的伸长、根对水分与养分的吸收，以及根内组织的形成均主要在此进行。因此，根尖的损伤会直接影响根的继续生长和吸收作用。根据根尖细胞生长和分化程度的不同，可将根尖划分为根冠、分生区、伸长区和成熟区 4 个部分。

1. 根冠

根冠位于根的最顶端，由多层不规则排列的薄壁细胞组成，略呈圆锥状，像帽子一样包被在分生区的外围，对根尖起保护作用（见图 9－1）。当根不断向下延伸生长时，根冠与土壤发生摩擦，引起外围细胞破碎、死亡和脱落，但由于分生区的细胞不断分裂，根冠可以陆续得到补充，始终保持一定的形状和厚度。根冠的外层细胞在受损后能产生黏液，有助于减少根尖与土壤的摩擦。

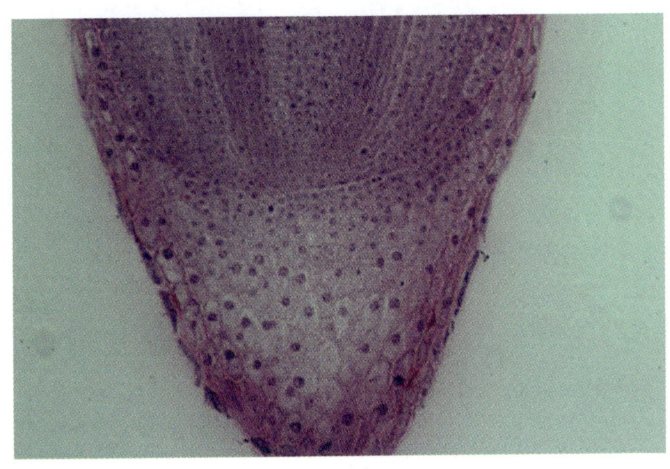

图 9-1　根冠

2. 分生区

分生区是位于根冠上方或内侧顶端的分生组织，呈圆锥状，具有极强的分生能力，又称生长锥或生长点。分生区的细胞体积小，排列紧密，细胞核大，细胞壁薄，原生质浓。分生区细胞能不断地进行分裂而增加细胞数量，其中一部分细胞向先端发展，形成根冠细胞；一部分细胞向根后方的伸长区发展，经过生长、分化，逐渐形成根成熟区的各种结构。分生区在分裂过程中始终保持它原有的体积。

3. 伸长区

伸长区位于分生区上方到生有根毛的地方，此处细胞分裂已逐渐停止，细胞沿根的长轴方向显著延伸，体积扩大，故称伸长区。伸长区的细胞除显著伸长外，分化也同时加速，细胞的形状已开始有了差异，相继出现了导管和筛管。根的长度增加是分生区细胞分裂和伸长区细胞延伸共同的结果，特别是伸长区细胞的延伸，使根不断地向土壤深处推进，有利于根吸取更多的矿质营养。

4. 成熟区

成熟区紧接伸长区，其区域的各种细胞已停止伸长，且多已分化成熟，形成了根的初生构造，故称成熟区。成熟区的显著特点是部分表皮细胞的外壁向外突出形成根毛。因此，成熟区又称根毛区。根毛的生活期很短，老的根毛陆续死亡，从伸长区上部又陆续生出新的根毛。根毛虽细小，但数量多，可增加根的吸收面积，有利于根吸收水分和无机盐。

二、根的初生构造

1. 双子叶植物根的初生构造

在根尖的成熟区作一横切面，在显微镜下可观察到根的初生构造，从外到内依次为表皮、皮层和维管柱。

（1）表皮。表皮位于成熟区最外侧，由 1 层扁平的薄壁细胞组成。表皮细胞近长柱形，排列整齐、紧密，无细胞间隙；细胞壁薄，非角质化，富有通透性，不具气孔。一部分表皮细胞的外壁向外突出，延伸成根毛，从而扩大了根的吸收面积。

（2）皮层。皮层是位于表皮与维管柱之间的多层薄壁细胞，由基本分生组织发育而成。皮层细胞排列疏松，常有明显的细胞间隙，占根中相当大的部分。通常可分为外皮层、皮层薄壁组织和内皮层。

①外皮层：皮层最外侧紧邻表皮的 1 层细胞，细胞排列整齐、紧密。当表皮被破坏后，外皮层细胞的细胞壁常增厚并木栓化，代替表皮起保护作用。

②皮层薄壁组织：又称中皮层，位于外皮层和内皮层之间。其细胞层数较多，占皮层的绝大部分。细胞多呈类圆形，细胞壁薄，排列疏松，有明显的细胞间隙，具有将根毛吸收的溶液转送到根的维管柱中，又将维管柱内的有机养料转送出来的作用，有些细胞内还贮藏有淀粉等后含物。因此，皮层为兼有吸收、运输和贮藏作用的基本组织。

③内皮层：皮层最内侧的 1 层细胞，细胞排列整齐、紧密，无细胞间隙，包围在维管柱的外侧。内皮层细胞壁常增厚，可分为两种类型：一种是内皮层细胞的径向壁（侧壁）和上下壁（横壁）局部增厚（木质化或木栓化），增厚部分呈带状，环绕径向壁和上下壁而成一整圈，称凯氏带。从横切面观，径向壁增厚部分呈点状，又称凯氏点。另一种是多数单子叶植物和少数双子叶植物幼根的内皮层细胞进一步发育，其径向壁、上下壁以及内切向壁显著增厚，只有外切向壁（外壁）比较薄。因此，横切面观时，内皮层细胞壁增厚部分呈“U”字形，又称马蹄形。在内皮层细胞壁增厚的过程中，有少数正对初生木质部束顶端的内皮层细胞壁未增厚，成为通道细胞。通道细胞的存在有利于水分和养料的横向运输。

（3）维管柱。根的内皮层以内的所有组织统称维管柱，在根的横切面上占较小面积。维管柱通常包括中柱鞘、初生木质部和初生韧皮部 3 部分，少数双子叶植物还具有髓部（见图 9－2）。

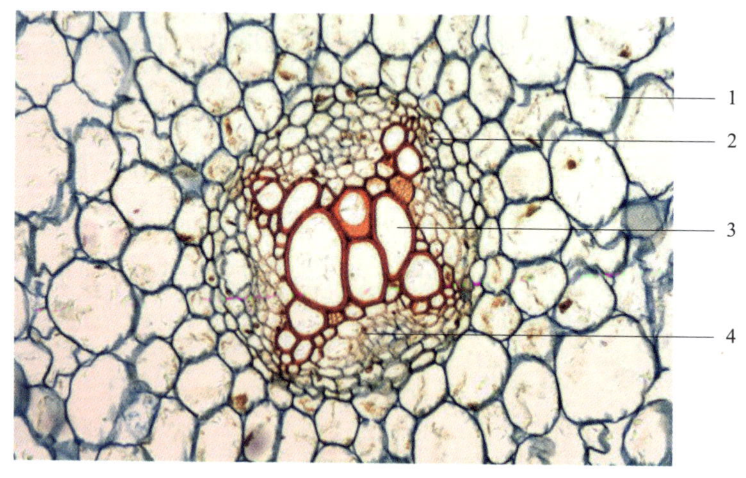

图 9－2　双子叶植物根初生构造维管柱

1. 皮层；2. 中柱鞘；3. 初生木质部；4. 初生韧皮部。

①中柱鞘：维管柱最外侧的组织，紧贴内皮层，由原形成层细胞发育而成，也称维管柱

鞘。中柱鞘通常由 1 层薄壁细胞组成；少数由 2 层至多层细胞构成，如柳、桃、桑以及裸子植物等。中柱鞘细胞排列整齐，分化程度较低，具有潜在的分生能力，在一定时期可以产生侧根、不定根、不定芽以及木栓形成层和一部分形成层等。

②初生木质部和初生韧皮部：位于根的最内侧，为根的输导系统，由原形成层直接分化而成。一般初生木质部分为数束，横切面上呈星角状，与初生韧皮部相间排列，这是根初生构造的特点。

根的初生木质部分化成熟的顺序是自外向内的，称外始式。初生木质部的外侧，即最先分化成熟的木质部，称原生木质部，其导管直径较小，多具环纹或螺纹；后分化成熟的木质部，称后生木质部，其导管直径较大，多具梯纹、网纹或孔纹。这种分化成熟的顺序，表现了形态构造和生理功能的统一性，因为最初形成的导管出现在木质部的外侧，由根毛吸收的水分和无机盐类等物质，通过皮层传到导管中的距离相对较短，有利于水分等物质的迅速运输。被子植物的初生木质部由导管、管胞、木纤维和木薄壁细胞组成；裸子植物的初生木质部主要由管胞组成。

根的初生木质部束的数日因植物种类而异，如十字花科、伞形科的一些植物和多数裸子植物的根中，只有 2 束初生木质部，称二原型；毛茛科的唐松草属植物有 3 束，称三原型；葫芦科、杨柳科及毛茛科毛茛属的一些植物有 4 束，称四原型；如果初生木质部束数多于 6，称多原型。一般双子叶植物根初生木质部的束数较少，多为二至六原型，而单子叶植物根的维管束多为多原型。每种植物的根中，初生木质部束的数目是相对稳定的，但也常发生变化，同种植物的不同品种或同株植物的不同根，也可能出现不同的束数。

初生韧皮部发育成熟的方式也是外始式，即原生韧皮部在外侧，后生韧皮部在内侧。在同一根内，初生韧皮部束的数目和初生木质部束的数目相同；被子植物的初生韧皮部一般由筛管、伴胞和韧皮薄壁细胞组成，偶有韧皮纤维；裸子植物的初生韧皮部主要由筛胞组成。

初生木质部和初生韧皮部之间有 1 至多层薄壁细胞，在双子叶植物根中，这些细胞以后可以进一步转化为形成层的一部分，由此产生根的次生构造。一般双子叶植物根的中央部分往往由初生木质部中的后生木质部占据，因此不具有髓部。但部分双子叶植物根的中央部分未分化形成木质部，而由薄壁细胞形成髓部，如乌头、龙胆、桑等。

2. 单子叶植物根的构造

单子叶植物只有初生生长，终生仅具初生结构，其根的构造与双子叶植物根的初生构造相似，也由表皮、皮层和维管柱三部分组成，但尚有以下特点：

（1）表皮。表皮细胞 1 层，寿命短，根毛枯死后，常解体而脱落。少数根的表皮分裂成多层细胞，细胞壁木栓化，形成“根被”，如百部、麦冬等。

（2）皮层。根发育后期，外皮层常特化成木栓化的组织。在表皮和根毛枯死后，替代表皮行使保护作用。大部分单子叶植物的内皮层细胞径向壁、上下壁及内切向壁（内壁）显著增厚，只有外切向壁（外壁）比较薄。因此，观察横切面可见内皮层细胞增厚部分呈马蹄形，保留有通道细胞。也有些单子叶植物内皮层细胞壁全部木栓化加厚，无通道细胞，由胞间连丝进行物质运输。

（3）维管柱。中柱鞘细胞发育后期常部分或全部木质化为厚壁组织，如莪术。维管柱为多原型，即至少六原型，髓部发达，如麦冬块根（见图 9-3）。部分植物髓部细胞增厚木质化而成厚壁组织，如鸢尾。

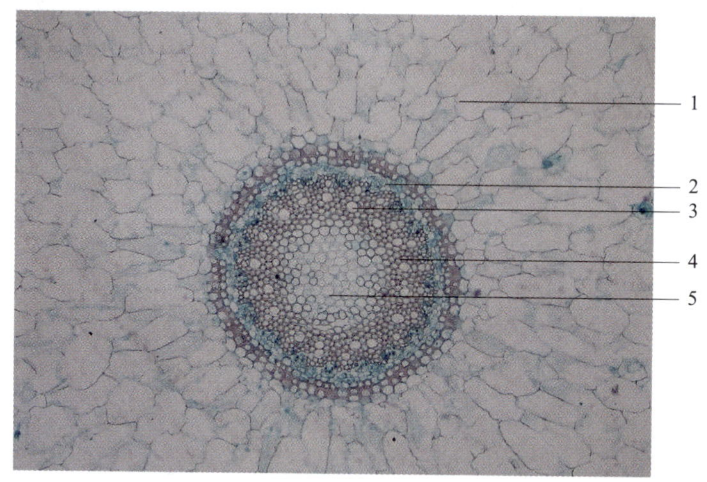

图 9-3　单子叶植物根维管柱（麦冬）

1. 皮层；2. 中柱鞘；3. 初生木质部；4. 初生韧皮部；5. 髓。

三、根的次生生长和次生构造

根中形成层细胞的分裂和分化会不断产生新的组织，使根逐渐增粗。这种使根增粗的生长称次生生长，由次生生长所产生的各种组织称次生组织，由这些组织所形成的结构称次生构造。绝大多数蕨类植物和单子叶植物的根，在整个生命周期中不发生次生生长，一直保持着初生构造。而多数双子叶植物和裸子植物的根可发生次生生长，形成次生构造。

1. 形成层的产生及其活动

当根进行次生生长时，初生木质部与初生韧皮部之间的一些薄壁细胞恢复分裂功能，转变为形成层段，并逐渐向初生木质部束外侧的中柱鞘部位发展，使相接连的中柱鞘细胞也开始分化成为形成层的一部分，这样形成层就由片断连成一个凹凸相间的形成层环。

形成层细胞不断进行平周分裂，向内产生新的木质部，加于初生木质部的外侧，称次生木质部，包括导管、管胞、木薄壁细胞和木纤维；向外产生新的韧皮部，加于初生韧皮部的内侧，称次生韧皮部，包括筛管、伴胞、韧皮薄壁细胞和韧皮纤维。由于形成层向内分裂速度较快，次生木质部产生的量比较多，因此形成层凹入的部分向外推移，凹凸相间的形成层环逐渐变成圆环状。此时的维管束便由初生构造的木质部与韧皮部相间排列转变为木质部在内侧、韧皮部在外侧的外韧型维管束（见图 9-4）。次生木质部和次生韧皮部合称次生维管组织，这是次生构造的主要部分。

形成层细胞活动时，在一定部位也分生一些薄壁细胞。这些薄壁细胞沿径向延长，呈辐射状排列，贯穿在次生维管组织中，称次生射线或维管射线。其中，位于木质部的叫木射线，位于韧皮部的叫韧皮射线。次生射线具有横向运输水分和营养物质的功能。

在次生生长过程中，因新生的次生维管组织总是添加在初生韧皮部的内侧，初生韧皮部遭受挤压而被破坏，成为没有细胞形态的颓废组织（即筛管、伴胞及其他薄壁细胞被挤压破坏，细胞间界限不清）。由于形成层产生的次生木质部的数量比较多，并添加在初生木质部之外。因此，生长年限较长的植物根主要是木质部，质地坚固。

在根的次生韧皮部中，常分布各种分泌组织，如马兜铃根的油细胞，人参根的树脂道，当归根的油室，蒲公英根的乳汁管。有的薄壁细胞（包括射线薄壁细胞）中常含有结晶及贮藏有糖类、生物碱等，多可药用。

图 9－4　根的次生构造（人参）

1. 次生韧皮部；2. 形成层；3. 次生木质部。

2. 木栓形成层的发生与周皮的形成

根的次生生长使根不断地加粗，外侧的表皮及部分皮层因不能相应加粗而被破坏。此时，中柱鞘细胞恢复分生能力，形成木栓形成层。木栓形成层向外产生木栓层，向内形成栓内层，三者共同组成周皮。木栓层细胞多呈扁平状，排列整齐、紧密，往往多层相叠，细胞壁木栓化，呈褐色。栓内层为数层薄壁细胞，一般不含叶绿体，排列疏松，有些栓内层比较发达，有类似皮层的作用，称“次生皮层”。在周皮形成以后，木栓层外侧的表皮和皮层因得不到水分和营养的供应而逐渐枯死脱落。因此，一般根的次生构造中没有表皮和皮层，而被周皮所替代。

随着根的进一步加粗，到一定时候，原木栓形成层便终止活动。在其内侧部分薄壁细胞又能恢复分生能力而产生新的木栓形成层，进而形成新的周皮。植物学上的根皮是指周皮这一部分，而根皮类药材中的“根皮”，则是指形成层以外的部分，主要包括韧皮部和周皮，如五加皮、地骨皮、牡丹皮等。

单子叶植物根中无形成层，不能加粗生长；无木栓形成层，不产生周皮，其保护功能由表皮或外皮层行使。有些单子叶植物，如百部、麦冬、石斛等，其根的表皮常切向分裂形成多列细胞，细胞壁木栓化，成为一种无生命的死亡组织，起保护作用，这种组织称根被。

四、根的异常生长和异常构造

一些双子叶植物的根，除了正常的次生构造外，还产生一些异常的结构，称根的异常构造或三生构造，常见的有以下几种类型（见图 9-5）。

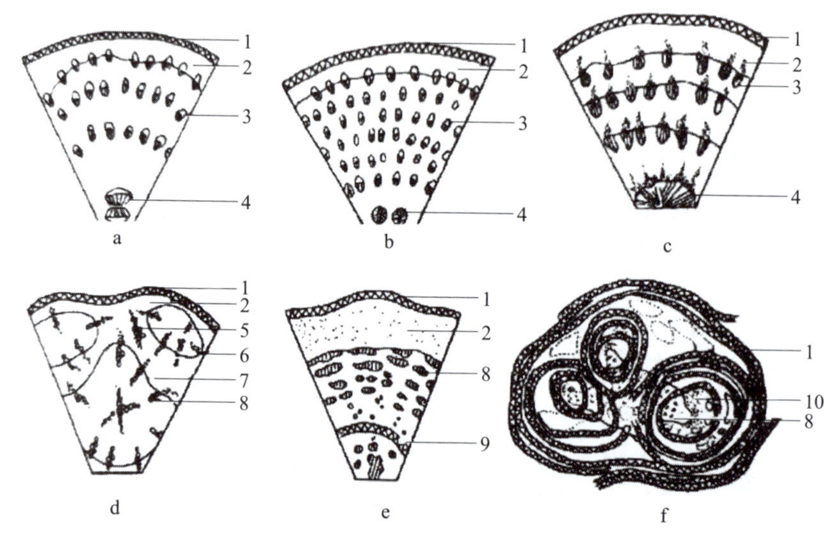

图 9-5　根的异常构造

a. 牛膝　b. 川牛膝　c. 商陆　d. 何首乌　e. 黄芩　f. 甘松
1. 木栓层；2. 皮层；3. 异型维管束；4. 正常维管束；5. 单独维管束；
6. 复合维管束；7. 形成层；8. 木质部；9. 木间细胞环；10. 韧皮部。

1. 同心环状排列的异常维管组织

根的正常维管束形成不久后，形成层往往失去分生能力。然而，在有些植物中，相当于中柱鞘部位的薄壁细胞会转化成新的形成层，此形成层的活动可导致一圈小型的异型维管束的产生。在这些异型维管束外缘还可以继续产生新的形成层环，再分化成新的异型维管束，如此反复多次，从而构成同心环状排列的多圈维管束。如苋科的牛膝、川牛膝，商陆科的商陆等（见图 9-6）。

2. 附加维管柱

有些双子叶植物的根在正常维管束形成后，皮层或韧皮部中部分薄壁细胞恢复分生能力，产生多个新的形成层环而形成多个大小不等的单独或复合的异型维管束，即附加维管柱。如何首乌的块根在横切面上可看到一些大小不一的圆圈状花纹，称“云锦花纹”。

3. 木间木栓

有些双子叶植物的根在次生木质部内也形成木栓带，称木间木栓。木间木栓通常由次生木质部薄壁细胞分化形成。如黄芩老根中央常见木栓环，新疆紫草根中央也有木栓环，甘松根中的木间木栓环包围一部分木质部和韧皮部而把维管柱分隔成 2～5 个束。

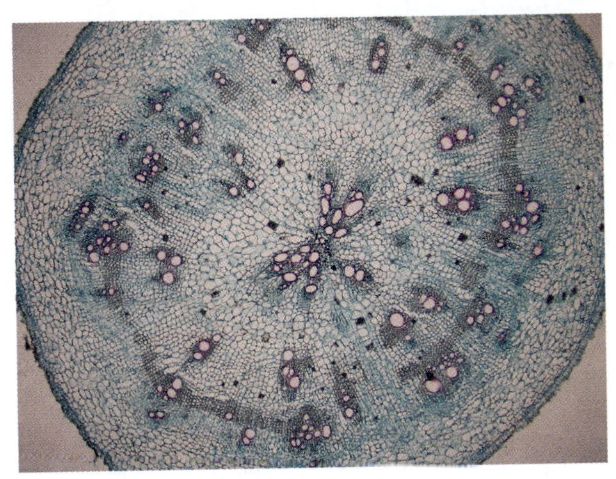

图 9－6　同心环状排列的异常维管组织（牛膝）

五、侧根的形成

主根、侧根或不定根所产生的支根统称为侧根。

侧根起源于根内中柱鞘，其发生方式为内起源。侧根形成时，母根中柱鞘上一定部位的细胞经脱分化恢复分裂能力，经过数次平周分裂，产生一团新的细胞，形成侧根原基。侧根原基细胞经继续分裂、分化，逐渐形成生长锥和根冠，生长锥细胞继续进行分裂、生长和分化，以根冠为先导向外推进，并分泌水解酶等，将部分皮层和表皮细胞溶解，使侧根原基能够穿透皮层、突破表皮而伸出母根外，随后各种组织相继分化成熟，侧根维管组织与母根维管组织连接成连续的维管系统。侧根的发生在成熟区已经开始，但侧根突破表皮露出母根外，则在根成熟区之后的部位。这一特性使侧根的产生不至于破坏母根成熟区的根毛，从而不会影响根的吸收功能。

各种植物侧根发生的部位通常是固定的，与其初生木质部束数有一定关系。一般情况下，在二原型根中，侧根发源于原生木质部和原生韧皮部之间的中柱鞘部分或正对着原生木质部的中柱鞘部分。在前一种情况下，侧根数为原生木质部辐射角的倍数，如胡萝卜为二原型木质部，侧根有 4 行；在后一种情况下，侧根只有 2 行，如萝卜的根。在三原型、四原型根中，侧根多发生于正对原生木质部的中柱鞘处，初生木质部辐射角有几个，侧根就有几行。在多原型根中，侧根常在正对着原生韧皮部的中柱鞘处形成。从母根的外部观察，侧根在母根上沿着长轴纵向排列，行列数目等于初生木质部的束数。

任务实施

一、任务准备

1. 实训材料

毛茛根、甘草根、麦冬根和何首乌根的横切永久制片。

2. 实训器材

光学显微镜和擦镜纸。

二、观察根的显微构造

1. 在显微镜下观察毛茛根横切永久制片，辨别双子叶植物根的初生构造（表皮、皮层、中柱鞘、初生维管束等）。

2. 在显微镜下观察甘草根横切永久制片，辨别双子叶植物根的次生构造（木栓层、木栓形成层、栓内层、韧皮部、形成层、木质部、次生射线等），并绘图。

3. 在显微镜下观察麦冬根横切永久制片，辨别单子叶植物根的构造（表皮、皮层、中柱鞘、维管束、髓等）。

4. 在显微镜下观察何首乌根横切永久制片，辨别根的异常构造。

三、任务测评

按表9–1进行任务测评，并做好记录。

表9–1　　任务评分标准

序号	考核内容	考核标准	配分	得分
1	双子叶植物根的初生构造	能准确描述毛茛根的构造	20	
2	双子叶植物根的次生构造	能准确绘制甘草根横切面简图	30	
3	单子叶植物根的构造	能准确描述麦冬根的构造	20	
4	根的异常构造	能准确描述何首乌根的构造	30	
合计			100	

思考与练习

形成层和木栓形成层分别如何活动，从而形成根的次生构造？

任务十　识别茎的显微构造

学习目标

1. 了解根状茎的显微构造和茎的异常构造，熟悉双子叶植物草质茎和单子叶植物茎的构造，掌握双子叶植物木质茎的次生构造。

2. 通过观察，能识别常见药用植物茎的内部构造。

任务引入

植物茎的构造与根类似，不同植物茎的构造存在差异。有些植物的茎在其整个生命周期始终维持着初生构造，有些则能够形成次生构造。茎的显微鉴别特征主要是横切面的特点，茎的初生构造和次生构造对中药的鉴定具有重要作用。

相关知识

种子植物的胚芽发育成主茎，腋芽发育成主茎上的侧枝。主茎或侧枝顶端均具有顶芽。顶芽具有保持顶端生长的能力，使植物体不断长高。

一、茎尖的构造

茎尖是指主茎或侧枝的顶端，为顶端分生组织所在的部位。它的结构与根尖基本相似，由分生区、伸长区和成熟区 3 部分组成。但茎尖顶端没有类似根冠的结构，而是由幼小的叶片包围着。

分生区又称生长锥，其分裂出来的细胞逐渐分化为原表皮层、基本分生组织和原形成层等初生分生组织，这些初生分生组织继续分裂分化，形成茎的初生结构。在分生区四周能形成叶原基或腋芽原基的小突起，进而分别发育成叶或腋芽，腋芽进一步发育成枝（见图 10-1）。伸长区位于分生区下方，细胞逐渐停止分裂，开始进入伸长阶段。成熟区位于伸长区下方，该区域的表皮不形成根毛，但常有气孔和毛茸。

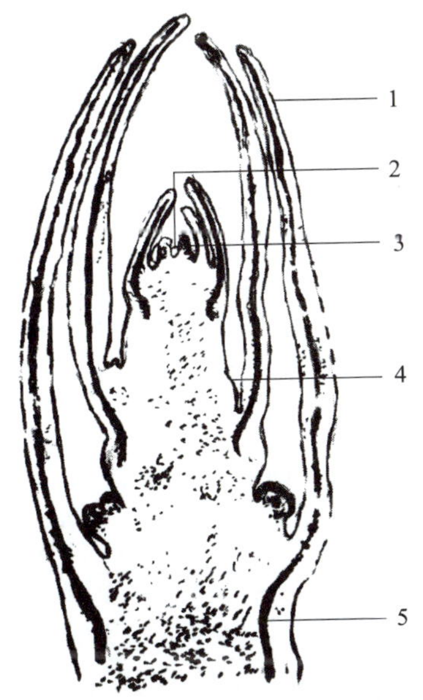

图 10-1　茎尖分生区的构造（忍冬芽纵切面）

1. 幼叶；2. 生长点；3. 叶原基；4. 腋芽原基；5. 原形成层。

二、双子叶植物茎的初生构造

在双子叶植物茎的成熟区横切制片，在显微镜下可观察到茎的初生构造，从外到内依次为表皮、皮层和维管柱（见图 10-2）。

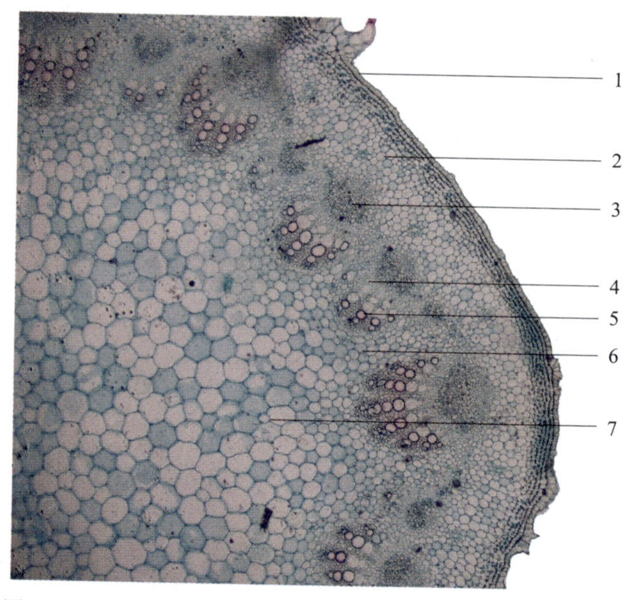

图 10-2　双子叶植物茎的初生构造（向日葵嫩茎横切面局部）

1. 表皮；2. 皮层；3. 初生韧皮部；4. 形成层；5. 初生木质部；6. 髓射线；7. 髓。

1. 表皮

茎的表皮由原表皮层发育而来，是位于幼茎最外侧的一层生活细胞。表皮细胞形状规则，近于长方形；细胞排列紧密，无细胞间隙。表皮细胞的外壁常较厚，角质化并形成角质层，具有少数气孔、毛茸或其他附属物。表皮不具叶绿体，少数植物茎的表皮细胞含花青素，如甘蔗的茎呈紫红色。

2. 皮层

茎的皮层由基本分生组织发育而来，位于表皮内侧，由多层生活细胞构成。皮层细胞较大，排列疏松，具细胞间隙。靠近表皮的细胞常具叶绿体，故嫩茎呈绿色。皮层主要由薄壁组织构成，但在近表皮部分常有厚角组织，以加强幼茎的机械强度，如薄荷、芹菜。

3. 维管柱

维管柱之前常称中柱，包括呈环状排列的维管束、髓部和髓射线等，在茎的初生构造中占较大的比例。

（1）维管束。维管束由初生韧皮部、束中形成层和初生木质部 3 部分组成，呈环状排列。初生韧皮部位于维管束的外侧，由筛管、伴胞、韧皮纤维和韧皮薄壁细胞组成，其分化成熟的顺序和根相同，为外始式。初生木质部位于维管束的内侧，由导管、管胞、木薄壁细胞和木纤维组成。茎的初生木质部分化成熟的方式是内始式，与根正好相反，这是茎的重要特征。束中形成层位于初生韧皮部和初生木质部之间，这是原形成层的遗留部分，由 1～2 层具有分生能力的细胞组成，可使茎不断加粗。

（2）髓。髓位于茎的中心，被维管束环绕，由一些较大的薄壁细胞组成。一般草本植物的髓较大，木本植物的髓较小，但也有例外，如泡桐、通脱木等茎中的髓极为发达。有些植物的髓在发育过程中消失形成中空的茎，如南瓜、芹菜、连翘等；有些植物的髓局部被破坏，形成一些横髓隔，如胡桃、猕猴桃等；有些植物的髓部最外层有一层细胞壁厚而连接紧密的细胞围绕着大型的薄壁细胞，这层细胞称环髓带或髓鞘，如椴树。

（3）髓射线。髓射线又称初生射线，是位于初生维管束之间的薄壁组织，内通髓部，外达皮层。在横切面上呈放射状，是茎中横向运输的通道，并具贮藏作用。双子叶草本植物的髓射线较宽，木本植物的髓射线较窄。

三、双子叶植物茎的次生构造

双子叶植物茎在初生构造形成后，接着进行次生生长，即维管形成层和木栓形成层进行分裂活动，形成次生构造，使茎不断加粗。木本植物的次生生长可持续多年，故次生构造发达；草本植物的次生生长有限，故次生构造不发达。

1. 双子叶植物木质茎的次生构造

（1）形成层及其活动。当茎进行次生生长时，邻接束中形成层的髓射线细胞恢复分生能力，转变为束间形成层，并和束中形成层连接，形成一个圆筒。从横切面观，形成一个完整的形成层环。形成层细胞分裂，向内产生次生木质部，向外产生次生韧皮部，通常次生木质部比次生韧皮部大得多。同时，射线原始细胞也进行分裂，产生次生射线细胞，存在于次生木质部和次生韧皮部，形成横向的联系组织，称维管射线（见图 10－3）。

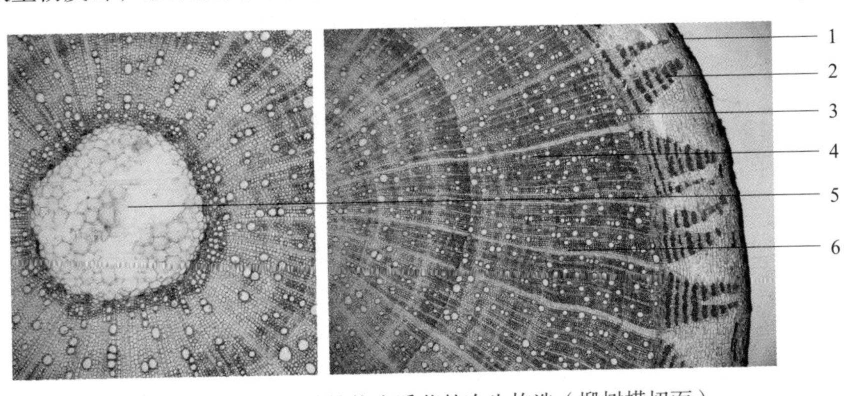

图 10－3　双子叶植物木质茎的次生构造（椴树横切面）

1. 周皮；2. 韧皮部；3. 形成层；4. 木质部；5. 髓；6. 维管射线。

（2）次生木质部。次生木质部增添于初生木质部外侧，由导管、管胞、木薄壁细胞、木纤维和木射线组成。

形成层的活动受季节影响很大。温带和亚热带的春季或热带的雨季，由于气候温和，雨量充足，形成层活动旺盛，所形成的次生木质部中的细胞体积大、壁薄，质地较疏松，色泽较淡，称早材或春材。温带的夏末秋初或热带的旱季，形成层活动逐渐减弱，所形成的细胞体积小、壁厚，质地紧密，色泽较深，称晚材或秋材。在一年中，早材和晚材是逐渐转变的，没有明显的界限，但当年的秋材与第二年的春材界限分明，形成一同心环层，称年轮或生长轮。但有些植物（如柑橘）一年可以形成 3 轮，这些年轮称假年轮，这是由于形成层有节奏地活动，每年有几个循环的结果。假年轮的形成也有的是由于一年中气候变化特殊，或被害虫吃掉了树叶，生长受影响。

在木质茎横切面上，可见到靠近形成层的部分颜色较浅，质地较松软，称边材。边材具输导作用。中心部分颜色较深，质地较坚固，称心材。心材中一些细胞常积累代谢产物，如挥发油、单宁、树胶、色素等。有些射线细胞或轴向薄壁细胞通过导管或管胞上的纹孔侵入导管或管胞内，形成侵填体，使导管或管胞堵塞，失去运输能力。心材比较坚硬，不易腐烂，且常含有某些化学成分。茎木类药材如沉香、苏木、檀香、降香等均为心材入药。

（3）次生韧皮部。形成层向外分裂形成次生韧皮部，次生韧皮部增添于初生韧皮部内侧，并将初生韧皮部挤压到外侧，形成颓废组织。次生韧皮部常由筛管、伴胞、韧皮纤维和韧皮薄壁细胞组成。有些植物的次生韧皮部含有石细胞，如厚朴、肉桂、杜仲；有些具乳汁管，如夹竹桃。

（4）木栓形成层及周皮。茎的次生生长使茎不断增粗，但表皮一般因不能相应增大而死亡。此时，多数植物茎的表皮内侧皮层细胞恢复分裂功能而产生周皮，代替表皮行使保护作用。一般木栓形成层的活动只不过数月，大部分树木又可依次在其内侧产生新的木栓形成层，这样周皮发生的位置就会向内移，可深达次生韧皮部。老周皮内侧的组织被新周皮隔离后逐渐枯死，这些周皮以及被隔离的死亡组织的综合体常剥落，故称落皮层，又称外树皮。有的植物落皮层呈鳞片状脱落，如白皮松；有的呈环状脱落，如白桦；有的裂成纵沟，如柳、榆；有的大片脱落，如悬铃木；但也有的老周皮不脱落，如黄皮树、杜仲。

“树皮”有两种概念：狭义的树皮即落皮层（又称外树皮）；广义的树皮指维管形成层以外的所有组织，包括落皮层和木栓形成层以内的次生韧皮部（又称内树皮）。皮类药材如厚朴、杜仲、肉桂、黄柏、合欢的药用部分“皮”均指广义树皮。

2. 双子叶植物草质茎的次生构造

草质茎生长期短，次生生长有限，次生构造不发达，木质部所占比例小，质地较柔软。与双子叶植物木质茎相比，草质茎的次生构造具有以下特点（见图 10-4）：

（1）最外层为表皮，常有各式毛茸、气孔、角质层、蜡被等附属物。少数植物表皮下方有木栓形成层分化，向外产生 1～2 层木栓细胞，向内产生少量栓内层，但表皮未被破坏仍然存在。

（2）次生维管组织通常形成连续的维管柱。有些植物仅具束中形成层，没有束间形成层。还有些植物不仅没有束间形成层，束中形成层也不明显。

（3）髓部发达，有些植物的髓部中央破裂呈空洞状，髓射线一般较宽。

3. 双子叶植物根状茎的构造

双子叶植物根状茎一般指草本双子叶植物的根状茎，其构造与地上茎类似，具有以下特点：

（1）表面通常具木栓组织，少数具表皮或鳞叶。

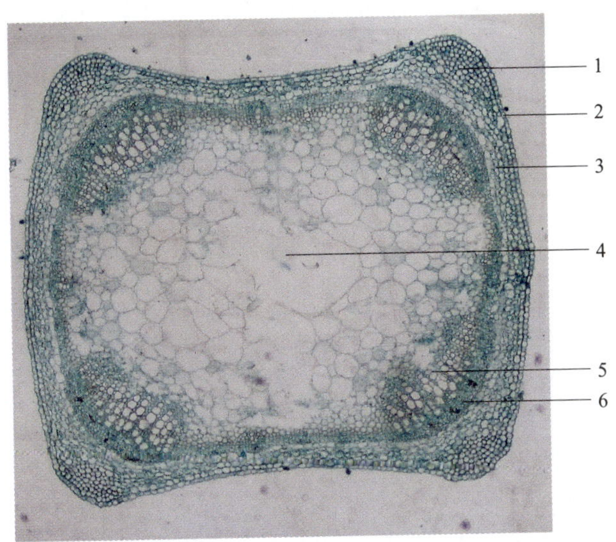

图 10-4　双子叶植物草质茎的次生构造（薄荷茎横切面）

1. 厚角组织；2. 表皮；3. 皮层；4. 髓；5. 木质部；6. 韧皮部。

（2）皮层中常有根迹维管束（连接茎中维管束与不定根中维管束的维管束）和叶迹维管束（连接茎中维管束与叶柄维管束的维管束）斜向通过。

（3）皮层内侧有时具纤维或石细胞。维管束为外韧型，呈环状排列。

（4）贮藏薄壁细胞发达，机械组织多不发达。

（5）中央有明显的髓部。

4. 双子叶植物茎和根状茎的异常构造

某些双子叶植物的茎和根状茎除形成正常构造外，还有部分薄壁细胞能恢复分生能力，转化成形成层。这些形成层活动产生多数异型维管束，形成了异常构造，主要有以下 3 种情况：

（1）点状异型维管束。点状异型维管束是指位于双子叶植物茎或根状茎髓中的维管束。如在胡椒科风藤（海风藤）茎的横切面上可见除正常排成环状的维管束外，髓中还有异型维管束 6～13 个；大黄根状茎的横切面上除可见正常的维管束外，髓部还有许多星点状的异型维管束，其形成层呈环状，外侧为由几个导管组成的木质部，内侧为韧皮部，射线呈星芒状排列。

（2）同心环状异型维管束。在某些双子叶植物茎内，初生生长和早期次生生长都是正常的。当正常的次生生长发育到一定阶段，次生维管柱的外围又形成多轮呈同心环状排列的异型维管束。如密花豆（鸡血藤）老茎的横切面上可见韧皮部具 2～8 个红棕色至暗棕色环带，与木质部相间排列，其最内一圈为圆环，其余为同心半圆环。

（3）木间木栓。在甘松根状茎的横切面上，可见木间木栓呈环状，包围一部分韧皮部和木质部，把维管柱分隔为数束。

四、单子叶植物茎的构造

单子叶植物茎与双子叶植物茎相比，具有以下特点（见图 10-5）：①单子叶植物茎一般没有形成层和木栓形成层，终生只具初生构造，不能无限增粗。②单子叶植物茎的最外层是由1列表皮细胞构成的表皮，通常不产生周皮。禾本科植物茎秆的表皮下方，往往有数层厚壁细胞分布，以增强支持作用。③表皮以内为薄壁组织和散布在其中的多数维管束，因此无皮层、髓及髓射线之分。维管束为有限外韧型。多数禾本科植物茎的中央部位（相当于髓部）萎缩破坏，形成中空的茎秆。

此外，也有少数单子叶植物茎具形成层，有次生生长，如龙血树、丝兰等。但这种形成层的起源和活动情况与双子叶植物不同，如龙血树的形成层起源于维管束外的薄壁组织，向内产生维管束和薄壁组织，向外产生少量薄壁组织。

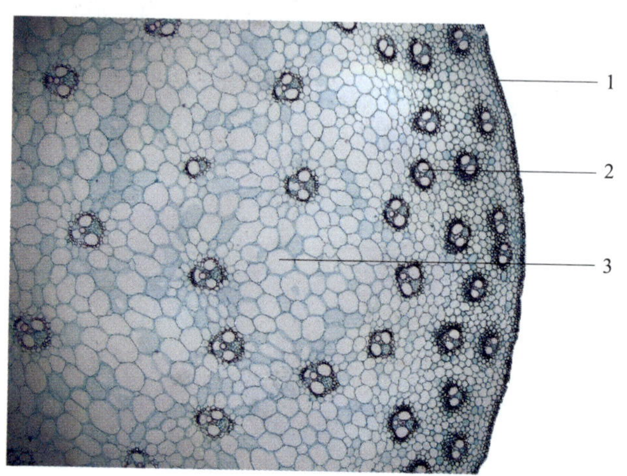

图10-5 单子叶植物茎的构造（玉米茎横切面）

1. 表皮；2. 维管束；3. 薄壁组织。

任务实施

一、任务准备

1. 实训材料

向日葵茎横切永久制片、椴树2～3年生茎横切永久制片和薄荷茎横切永久制片。

2. 实训器材

光学显微镜和擦镜纸。

二、观察茎的显微构造

1. 在显微镜下观察向日葵茎横切永久制片，辨别双子叶植物茎的初生构造（表皮、皮层、初生维管束、髓和髓射线等）。

2. 在显微镜下观察椴树2～3年生茎横切永久制片，辨别双子叶植物木质茎的次生构造（周皮、皮层、韧皮部、形成层、木质部、维管射线、髓和髓射线等），并绘图。

3. 在显微镜下观察薄荷茎横切永久制片，辨别双子叶植物草质茎的次生构造（表皮、皮层、维管束、髓和髓射线等）。

三、任务测评

按表 10－1 进行任务测评，并做好记录。

表 10－1　任务评分标准

序号	考核内容	考核标准	配分	得分
1	双子叶植物茎的初生构造	能准确描述向日葵茎的结构	30	
2	双子叶植物木质茎的次生构造	能准确绘制椴树茎横切面简图	40	
3	双子叶植物草质茎的次生构造	能准确描述薄荷茎的结构	30	
合计			100	

思考与练习

茎的次生构造由哪些部分组成？与初生构造有何区别？

任务十一　识别叶的显微构造

学习目标

1. 了解叶柄的显微构造，熟悉单子叶植物叶片的显微构造，掌握双子叶植物叶片的显微构造。
2. 通过观察，能识别常见药用植物叶的显微构造。

任务引入

植物的叶一般没有明显的初生构造和次生构造之分，但双子叶植物和单子叶植物的叶构造有所不同。叶的显微构造可以作为叶类药材的鉴别特征，如番泻叶、石楠叶。

相关知识

一、叶柄的构造

叶柄的横切面一般呈半圆形、圆形、三角形等，向茎的一面平坦或者凹下，背茎的一面凸出。叶柄的构造与茎相似，最外层为表皮，表皮内侧为皮层，皮层中具厚角组织，有时也具厚壁组织。皮层中有若干个大小不同的维管束，其结构和幼茎中的维管束相似，木质部位于上方（腹面），韧皮部位于下方（背面），木质部与韧皮部间常具短暂活动的形成层。

植物种类不同，叶柄的构造也往往不同。因此，叶柄有时可作为叶类、全草类药材的鉴别特征之一。

二、双子叶植物叶片的构造

一般双子叶植物叶片的构造可分为表皮、叶肉和叶脉3部分（见图11－1）。

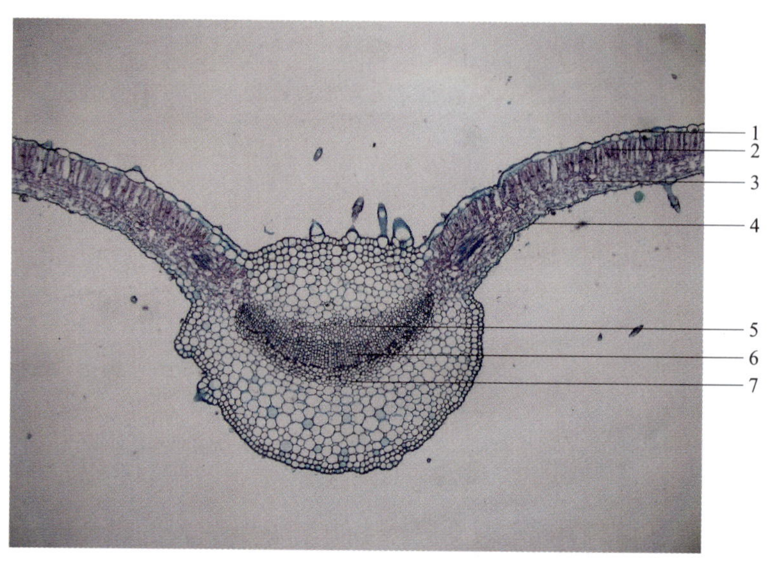

图11－1 双子叶植物叶片的构造（薄荷叶横切面）

1. 上表皮；2. 栅栏组织；3. 海绵组织；4. 下表皮；5. 木质部；6. 韧皮部；7. 厚角组织。

1. 表皮

表皮包被着整个叶片的表面，在叶片上面（腹面）的表皮称上表皮，在叶片下面（背面）的表皮称下表皮，表皮一般由1层排列紧密的生活细胞构成，也有由多层细胞构成的，称复表皮。叶片的表皮细胞中一般不具叶绿体。顶面观表皮细胞一般呈不规则形，侧壁多呈波浪状，彼此互相嵌合，紧密相连，无间隙；横切面观表皮细胞近方形，外壁常较厚，常具角质层，有些还有蜡被、毛茸等附属物。大多数植物叶片的上下表皮都有气孔分布，但一般下表皮的气孔较上表皮的多，气孔的数目、形状因植物种类的不同而有区别。

2. 叶肉

叶肉位于上、下表皮间，由含有叶绿体的薄壁细胞组成，是绿色植物进行光合作用的主要场所。叶肉通常分为栅栏组织和海绵组织2部分。

（1）栅栏组织。栅栏组织位于上表皮之下，细胞呈圆柱形，排列整齐、紧密，其长轴与上表皮垂直，形如栅栏，细胞内含有大量的叶绿体，光合作用效能较强。栅栏组织在叶片内通常排列成1层，也有排列成2层或2层以上的，如冬青叶、枇杷叶。叶肉的栅栏组织排列层数可作为叶类药材的鉴别特征。

（2）海绵组织。海绵组织位于栅栏组织下方，与下表皮相接，由一些圆形或不规则形的薄壁细胞构成，细胞间隙大，排列疏松如海绵状，细胞中所含的叶绿体一般较栅栏组织少。

叶片的内部结构中，栅栏组织紧接上表皮，而海绵组织位于栅栏组织与下表皮之间，这种叶称两面叶。有些植物的叶在上下表皮内侧均有栅栏组织，称等面叶，如番泻叶；有些植物的叶没有栅栏组织和海绵组织的分化，亦为等面叶。

叶肉组织在上下表皮的气孔内侧，形成一较大的腔隙，称孔下室（气室）。这些腔隙与栅栏组织和海绵组织的细胞间隙相通，有利于内外气体的交换。

3. 叶脉

叶脉为叶片中的维管束，主脉和各级侧脉的结构不完全相同。主脉和较大侧脉是由维管束和机械组织组成。维管束的结构和茎的相同，由木质部和韧皮部组成。木质部位于向茎面，韧皮部位于背茎面。在木质部和韧皮部之间常具形成层，但分生能力很弱，活动时间很短，只产生少量的次生组织。在维管束的上下侧，常有厚壁或厚角组织包围，这些机械组织在叶的背面最为发达。因此，主脉和大的侧脉在叶片背面常显著突起。侧脉越分越细，结构也越趋简化。

三、单子叶植物叶片的构造

单子叶植物的叶片同样由表皮、叶肉和叶脉组成（见图 11－2）。现以禾本科植物为例说明单子叶植物叶的结构特征。

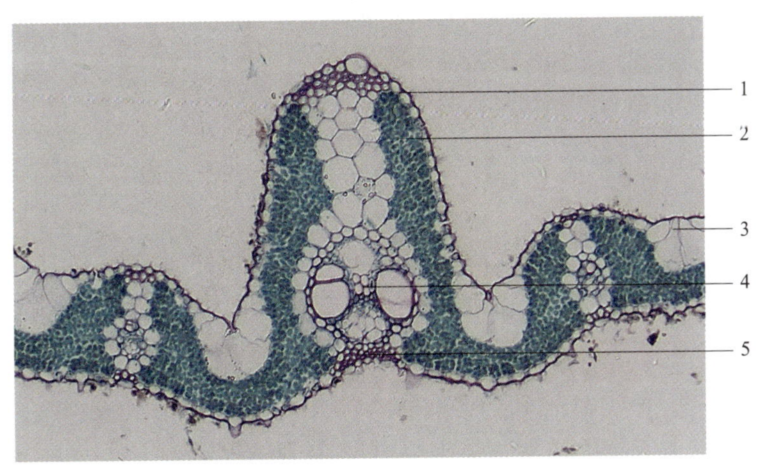

图 11－3　单子叶植物叶片的构造（水稻叶横切面）

1. 表皮；2. 叶肉；3. 泡状细胞；4. 叶脉；5. 厚壁组织。

1. 表皮

禾本科植物叶的上表皮中有一些特殊的大型薄壁细胞，称泡状细胞，具有大型液泡。干旱时由于其失水收缩，叶子卷曲成筒，可减少水分蒸发，故又称运动细胞。表皮上下两面都分布有气孔，气孔由 2 个狭长或哑铃状的保卫细胞构成，两端头状部分的细胞壁较薄，中部柄状部分细胞壁较厚，每个保卫细胞外侧各有 1 个略呈三角状的副卫细胞。

2. 叶肉

禾本科植物的叶片多呈直立状态，叶两面受光近似，因此多没有栅栏组织和海绵组织的明显分化，属于等面叶。

3. 叶脉

叶脉内的维管束近平行排列，主脉粗大，维管束为有限外韧型。主脉维管束的上下两侧常有厚壁组织分布，并与表皮相连，增强了支持作用。在维管束外围常有1～2层或多层细胞包围，构成维管束鞘，如玉米、甘蔗的维管束鞘由1层较大的薄壁细胞组成，水稻、小麦的维管束鞘则由1层薄壁细胞和1层厚壁细胞组成。

任务实施

一、任务准备

1. 实训材料

薄荷叶和淡竹叶的横切永久制片。

2. 实训器材

光学显微镜和擦镜纸。

二、观察叶片的显微构造

1. 在显微镜下观察薄荷叶横切永久制片，辨别双子叶植物叶片的构造（表皮、叶肉和叶脉等），并绘图。

2. 在显微镜下观察淡竹叶横切永久制片，辨别单子叶植物（禾本科）叶片的构造（表皮、叶肉和叶脉等），并绘图。

三、任务测评

按表11－1进行任务测评，并做好记录。

表11－1　任务评分标准

序号	考核内容	考核标准	配分	得分
1	薄荷叶和淡竹叶的结构	能准确描述薄荷叶和淡竹叶的结构	20	
2	薄荷叶和淡竹叶的简图	能准确绘制薄荷叶和淡竹叶的横切面简图	40	
3	薄荷叶和淡竹叶的各部分名称	能准确注明薄荷叶和淡竹叶的各部分名称	40	
合计			100	

思考与练习

结合所学知识与观察结果，判断薄荷叶是等面叶还是两面叶。

模块三

识别药用植物的种类

自然界的植物种类繁多，形态和习性各异，分布范围广泛。目前全球已知植物种类约有50万种，我国约有5万种。要对数目如此众多，彼此又千差万别的植物进行系统的研究，首先必须根据它们的自然性质，梳理各物种之间的亲缘关系，这一过程为植物分类学的形成奠定了基础。

植物分类学是一门研究植物界中各类群的起源、亲缘关系及其演化发展规律的生命学科，即对自然界中繁杂多样的植物进行鉴定、归类、命名并按照亲缘关系进行系统排列的一门学科。药用植物分类采用植物学的原理和方法，对有药用价值的植物进行分类、鉴定、研究和合理开发。

任务十二　识别药用低等植物

学习目标

1. 熟悉植物的类型及植物分类检索表的编制与应用方法，掌握植物分类等级与植物学名命名原则。

2. 了解地衣类植物的主要特征及代表植物，熟悉藻类植物的主要特征及代表植物，掌握低等植物的主要特征、真菌类植物的主要特征及代表植物。

3. 通过观察，能识别常见的药用低等植物。

任务引入

低等植物是地球上出现最早的植物群体，它们古老而原始，包括藻类、菌类和地衣类植物。约34亿年前的太古代时期出现了原核生物细菌和蓝藻，15亿～14亿年前的元古代时期出现了真核藻类。相较于高等植物，低等植物的构造简单，植物体可以是单细胞或由多细胞构成的丝状体或叶状体，没有根、茎、叶的分化。多数低等植物为单细胞结构，而少数具有多细胞结构的植物则多体现在其生殖器官上。在生殖过程中，合子直接萌发形成植物体，不形成胚。这些植物多数生活在水体或潮湿的环境中。你知道哪些常见的药用低等植物？它们又属于哪种类型的低等植物？

相关知识

一、植物分类概述

1. 植物分类的单位

植物分类设立了不同分类单位，用来表示各种植物之间形态及构造的相似程度、亲缘关系的远近，每个分类单位即是一个分类等级。植物分类系统的主要分类等级有界、门、纲、目、科、属、种。各个等级按照植物性质的不同进行分门别类，再按其亲缘从属关系的密切程度，加以排列。整个植物界的各种类别按其大同之点归为若干门，各门中就其不同点分别设若干纲，纲中分若干目，目下分若干科，科再分属，属下分种。各分类等级之间，如果范围过大，不能完全包括其特征或系统关系，则可增设亚级单位，如亚门、亚纲、亚目、亚科、亚属、亚种。

种是生物分类的基本单位，是具有一定的自然分布区和一定的形态、生理特性的生物类群。同种植物的个体通常具有相同的遗传性状，彼此交配（传粉受精）可以产生能生育的后代。不同种的个体之间一般不能杂交，或是杂交之后不能产生能生育的后代。种以下有亚种、变种、变型等分类等级。

亚种是指一个种内的类群在形态上出现变异，并具有地理分布、生态或季节上的隔离。

变种是指一个种内的类群在形态上出现变异，并且变异比较稳定，与种内其他类群有共同分布区，分布范围小于亚种。

变型是指一个种内形态出现了细小变异（如花、果的颜色），但无一定分布区的个体群或个体。变型是植物最小的分类单位。

品种专指人工栽培植物的种内变异类群，在野生植物中不使用品种这一名词。因为品种是人类在生产劳动中培育出来的产物，通常具有形态或经济意义上的差异，如色、香、味、形状、大小、植株高矮和产量等的不同。药材中一般称的品种，实际上既指分类学上的“种”，有时又指栽培的药用植物品种。

现以中药人参为例示其分类等级如下：

界 .... 植物界 Regnum vegetabile

门 .... 被子植物门 Angiospermae

纲 .... 双子叶植物纲 Dicotyledoneae

亚纲 .... 原始花被亚纲 Archichlamydeae

目 .... 伞形目 Umbelliflorae

科 .... 五加科 Araliaceae

属 .... 人参属 *Panax*

种 .... 人参 *Panax ginseng* C. A. Meyer

2. 植物的命名

植物的种类繁多，且由于世界各国文字和语言各不相同，同一种植物在不同的国家或在同一国家的不同地区都有其习用的名称，因而同物异名、同名异物的混乱现象普遍存在。这不仅不利于国内和国际的学术交流，更是给人类对植物的系统分类研究和开发利用造成了很大的困难。

为此，国际植物学会议制定了《国际藻类、真菌和植物命名法规》，规定植物的种名采用统一的科学名称，即学名。植物学名必须用拉丁文或将其他文字拉丁化来书写。种的命名采用瑞典植物学家林奈（Carl Linnaeus）于1753年倡导的“双名法”。每种植物的名称由2个拉丁词组成，第1个词为该种植物所隶属的属名，首字母必须大写；第2个词为种加词，通常具有一定含义，起着标志该“种”植物特征的作用，所有字母均小写；最后为了便于引证和核查，以及表彰纪念命名人，还应附上命名人的姓名或姓氏缩写。一种植物学名包括属名、种加词和命名人3个部分，书写时，属名和种加词用斜体，命名人部分用正体，如甘草学名 *Glycyrrhiza uralensis* Fisch.。在不影响交流、不会产生误解的情况下，也可以省略命名人。

种以下的分类单位，在学名中通常采用缩写形式。植物种下的等级有亚种（subspecies，缩写为 subsp. 或 ssp.）、变种（varietas，缩写为 var.）或变型（forma，缩写为 f.）。这些分类群的学名是在原种名后面加上各分类群符号缩写，其后再加上亚种、变种或变型的加词，最后赋以命名人名，此时学名由属名 + 种加词 + 种命名人 + 亚种（变种或变型）的缩写 + 亚种（变种或变型）加词 + 亚种（变种或变型）命名人组成，如山里红学名 *Crataegus pinnatifida* Bge. var. *major* N. E. Br.。

3. 植物的分类方法及系统

人类在研究、利用植物的过程中将具有相同特征的植物分成若干个大类群，又根据它们的差异分成若干不同的种类，按照等级顺序排列，称分类系统。

植物的分类系统分为人为分类系统和自然分类系统两类。早期的植物分类学多根据植物的形态、用途、习性或生态环境等进行分类，即人为分类系统。后来，随着对植物种、属、科等之间亲缘关系认识的逐步加深，建立了植物分类学的自然分类系统。迄今为止，已有20多个自然分类系统，目前国际普遍采纳的植物界自然分类系统为修订后的恩格勒系统。本书依据该系统将植物界分为16个门（见图12－1）。

按照繁殖方式的不同，植物界可分为孢子植物和种子植物。藻类、菌类、地衣类、苔藓和蕨类植物均用孢子进行繁殖，故合称孢子植物；因其不开花结果，又称隐花植物。裸子植物和被子植物均用种子繁殖，故合称种子植物；因其开花产生种子，又称显花植物。

藻类、菌类和地衣类植物统称低等植物，该类植物体在形态上没有根、茎、叶的分化，构造上一般无组织分化，生殖“器官”为单细胞构造，合子发育时不形成胚，故又称无胚植物。苔藓、蕨类、裸子植物和被子植物统称高等植物，其主要特征是形态上有根、茎、叶的分化，构造上有组织分化，生殖器官由多细胞构成，合子在母体内发育成胚，故又称有胚植物。

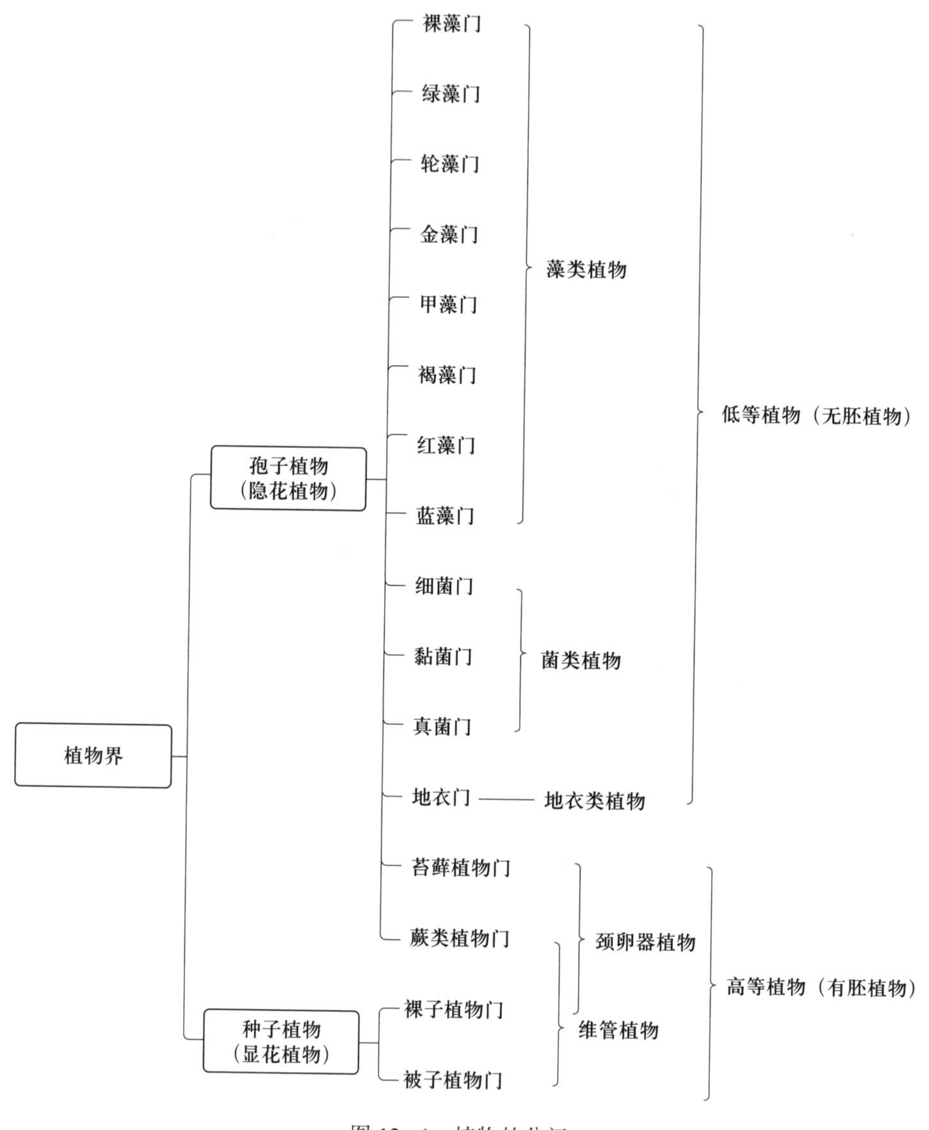

图 12-1　植物的分门

4. 植物分类检索表的编制与应用

植物分类检索表是鉴定植物种类不可缺少的工具，应用植物分类检索表能比较迅速地查对和鉴定欲知植物的名称或归属类群。它遵从法国植物学家拉马克的二歧分类原则编制而成，即在充分了解植物分类群特征的基础上，把其相对的主要区别特征分成对应的两个分支。再把每个分支中相对的区别特征又分成相对应的两个分支，依次类推直到编制至一定的分类等级。

应用检索表鉴定植物时，首先要搞清楚被鉴定植物的各部分特征，并与检索表某项所载特征进行比较，若特征相符则查其下一项，不相符则查该项的对立分支项，对照各级检索表依次进行检索，直到鉴定出来为止。常见的植物分类检索表有定距式、平行式和连续平行式3种。现以植物分门的分类为例，介绍定距式和平行式2种检索表。

（1）定距式检索表。将一对相对应的特征编以相同的项号，分开间隔排列在一定距离处，每低一项号后缩一格排列。如：

1. 植物体无根、茎、叶的分化，没有胚胎（低等植物）。
  2. 植物体不为藻类和菌类所组成的共生体。
    3. 植物体内有叶绿素或其他光合色素，为自养生活方式。……………… 藻类植物
    3. 植物体内无叶绿素或其他光合色素，为异养生活方式。……………… 菌类植物
  2. 植物体为藻类和菌类所组成的共生体。…………………………………… 地衣植物
1. 植物体有根、茎、叶的分化，有胚胎（高等植物）。
  4. 植物体有茎、叶而无真根。…………………………………………………… 苔藓植物
  4. 植物体有茎、叶也有真根。
    5. 不产生种子，用孢子繁殖。…………………………………………… 蕨类植物
    5. 产生种子，用种子繁殖。……………………………………………… 种子植物

（2）平行式检索表。将一对相对应的特征编以相同的项号，并紧接并列，项号改变不需退格，项末注明下一步应查的项号或查到的分类等级。如：

1. 植物体无根、茎、叶的分化，没有胚胎（低等植物）。…………………………… 2
1. 植物体有根、茎、叶的分化，有胚胎（高等植物）。……………………………… 4
2. 植物体为藻类和菌类所组成的共生体。………………………………… 地衣植物
2. 植物体不为藻类和菌类所组成的共生体。……………………………………… 3
3. 植物体内有叶绿素或其他光合色素，为自养生活方式。………………… 藻类植物
3. 植物体内无叶绿素或其他光合色素，为异养生活方式。………………… 菌类植物
4. 植物体有茎、叶而无真根。………………………………………………… 苔藓植物
4. 植物体有茎、叶也有真根。……………………………………………………… 5
5. 不产生种子，用孢子繁殖。………………………………………………… 蕨类植物
5. 产生种子，用种子繁殖。…………………………………………………… 种子植物

二、藻类植物

藻类植物是植物界中最原始的低等植物，约有3万种，广泛分布于全世界。大多数藻类植物生活于水中，少数生活于潮湿的土壤、树皮和石头上。

藻类植物的主要特征：①植物体构造简单，没有真正的根、茎、叶的分化，多为单细胞、多细胞群体、丝状体、叶状体和枝状体等。②藻类植物的细胞内含有叶绿素等光合作用色素，能进行光合作用，属于自养型植物。③繁殖方式有营养繁殖、无性生殖和有性生殖3种。藻类营养繁殖是指藻类植物营养体的一部分从母体分离，进而直接形成一个新的藻体。无性生殖是指藻类产生孢子囊和孢子，再由孢子发育成新的个体。有性生殖是指藻类通过一种囊状结构细胞，即配子囊，产生配子，在一般情况下，配子必须两两结合成为合子，进而由合子

萌发长成新个体，或由合子形成孢子再长成新个体。

1. 蓝藻门 Cyanophyta

蓝藻是一类结构简单且原始的低等植物。植物体为单细胞、多细胞的丝状体或多细胞非丝状体，其细胞内没有真正的细胞核，属于原核生物。蓝藻的光合色素主要是叶绿素、胡萝卜素和藻蓝素，此外，还含有藻黄素和藻红素，藻体多呈蓝绿色，稀呈红色。蓝藻的营养物质主要贮藏在蓝藻淀粉和藻青素颗粒中。蓝藻细胞壁的主要成分是果胶和黏多糖。蓝藻门植物的繁殖方式主要有营养繁殖和无性生殖，没有有性生殖。本门约有 150 属，超过 2 000 种，多分布于淡水中。

【代表性药用植物】

葛仙米 ***Nostoc sphaeroides*** **Kützing ex Bornet & Flahault**　葛仙米为念珠藻科念珠藻属植物。植物体由许多球形细胞组成，形成不分枝的丝状体，外观呈念珠状。葛仙米群体的表面有一个共同的胶质鞘，形成片状或团块状的胶质群体，状似木耳，故民间俗称“地木耳”（见图 12-2）。葛仙米广泛分布于各地，多生于湿地或地下水位较高的草地上，可供食用和药用，具有清热、收敛、明目等功效。

图 12-2　葛仙米

2. 绿藻门 Chlorophyta

绿藻门植物体有单细胞体、群体、多细胞丝状体、多细胞片状体等多种类型。其细胞内有细胞核，具有核膜、核仁结构，为真核生物。绿藻具有叶绿体，叶绿体中所含的光合色素有叶绿素、胡萝卜素、叶黄素等，藻体多呈绿色。绿藻贮藏的营养物质主要是淀粉。其细胞壁分两层，内层主要由纤维素组成，外层为果胶，常呈黏液状。绿藻的繁殖方式有营养繁殖、无性生殖和有性生殖。绿藻门是藻类植物中种类最多的一个类群，约有 350 属，6 000～8 000 种，多数分布于淡水中。

【代表性药用植物】

蛋白核小球藻 ***Chlorella pyrenoidosa*** **Chick.**　蛋白核小球藻为小球藻科小球藻属植物，是一种单细胞绿藻，呈圆球形或椭球形。其细胞内含有细胞核、一个杯状的载色体（色素体）

和一个蛋白核。蛋白核小球藻仅通过孢子进行繁殖，在我国广泛分布，多生于小河、沟渠、池塘等水体中。其藻体富含蛋白质，过去被用于治疗水肿、贫血等疾病。

石莼 ***Ulva lactuca*** **L.**　石莼为石莼科石莼属植物。其为膜状绿藻，叶片体由两层细胞构成，呈黄绿色，边缘波状，基部具有多细胞的固着器。固着器为多年生结构，每年春季会长出新的藻体。石莼生长在海湾内中、低潮带的岩石上，在东海、南海分布广泛。石莼可供食用，俗称“海白菜”或“海青菜”，具有软坚散结、清热祛痰、利水解毒等功效。

3. 红藻门 Rhodophyta

红藻门植物体大多数是多细胞的丝状体、片状体和树枝状体，少数为单细胞。其光合作用色素有藻红素、叶绿素、叶黄素和藻蓝素等，因藻红素占比较高，藻体呈紫色或玫瑰红色。红藻贮藏的营养物质为红藻淀粉和红藻糖。细胞壁分两层，内层为纤维素，外层是果胶。红藻的繁殖方式有营养繁殖、无性生殖和有性生殖。红藻门约有 560 属，近 4 000 种，绝大多数分布于海水中，且多数是固着生活。

【代表性药用植物】

石花菜 ***Gelidium amansii*** **Lamouroux**　石花菜为石花菜科石花菜属植物。其藻体扁平直立，丛生，具有 4～5 次羽状分枝，小枝对生或互生，藻体呈紫红色或棕红色。石花菜主要分布在山东半岛和台湾地区。石花菜有清热解毒和缓泄的功效，也可从其中提取琼脂用于医药、食品等领域。

甘紫菜 ***Porphyra tenera*** **Kjellm.**　甘紫菜为红毛菜科紫菜属植物。藻体深紫色，薄叶片状，呈卵形或不规则圆形。甘紫菜分布于辽东半岛至福建沿海，并有大量栽培，可供食用，其藻体具有清热利尿、软坚散结、消痰等功效。

4. 褐藻门 Phaeophyta

褐藻是藻类植物中形态构造分化程度最高的一大类群，植物体均为多细胞，形态呈丝状、片状或枝状。载色体中含叶绿素、胡萝卜素和叶黄素，其中胡萝卜素和叶黄素（以墨角藻黄素含量最大）含量丰富，因此藻体常呈褐色。褐藻贮藏的营养物质主要为褐藻淀粉、甘露醇和油类等。其繁殖方式有营养繁殖、无性生殖和有性生殖 3 种。细胞壁外层为褐藻胶，内层为纤维素。褐藻门约有 250 属，1 500 种，多分布于海水中。

【代表性药用植物】

海带 ***Laminaria japonica*** **Aresch.**　海带为海带科多年生大型褐藻，其植物体分 3 部分。基部为固着器，呈叉状分枝，用于在岩石或其他物体上固着；中间是茎状的柄；柄上方为扁平叶状、不分裂的大型带片，中部较厚，边缘皱波状，呈深橄榄绿色，干燥后呈黑色。带片和柄部连接处的细胞具有分裂能力，能产生新的细胞，从而使带片不断延长。海带在我国辽东半岛、山东半岛沿岸海域广泛分布，目前人工养殖范围已扩展到广东沿海。海带除可供食用外，其干燥叶状体还可以药用，入药称昆布，具有消痰软坚散结、利水消肿等功效。

昆布 ***Ecklonia kurome*** **Okam.**　昆布属于翅藻科植物，其植物体分为固着器、带柄和带片 3 部分。固着器呈分枝状；带柄为圆柱形；上部的叶状带片扁平，呈不规则羽状分裂，表面略有皱褶，边缘有粗锯齿。同作昆布入药，其功能与主治同海带。

三、菌类植物

菌类是自然界中分布极广、种类繁多的一大类低等植物，分为细菌门、黏菌门和真菌门。本书只介绍与药用关系较为密切的真菌门。

真菌是一类真核植物，具有细胞壁和细胞核，但不含叶绿素，也没有质体，因此不能进行光合作用制造养料，是典型的异养植物。真菌的异养方式有寄生、腐生和共生3种。从活的动植物体上吸收养分的称寄生；从动物、植物尸体或无生命的有机物质中吸取养料的称腐生；从活的有机体中吸取养分，同时又提供该活体有利的生活条件，从而彼此间互相获益、互相依赖的称共生。

除少数种类为单细胞外，绝大多数真菌是由多细胞菌丝构成的。组成一个菌体的全部菌丝称菌丝体。菌丝分为有隔菌丝和无隔菌丝2类，在菌丝内有隔膜将其分为许多细胞的，称有隔菌丝，这是高等真菌的菌丝类型。有些低等真菌的菌丝内不具隔膜，称无隔菌丝。在正常生长时期，菌丝体是疏松的；在环境条件恶劣或繁殖的时候，菌丝会相互紧密交织在一起，形成各种不同形态的菌丝组织体。常见的菌丝组织体有菌核、子实体和子座。有些真菌菌丝纵横交织在一起，形成颜色深、质地坚硬的核状体，称菌核，如茯苓和猪苓。很多高等真菌在生殖时期会形成有一定形状和结构、能产生孢子的菌丝组织体，称子实体，如灵芝和马勃。有的真菌会先形成容纳子实体的菌丝褥座状结构，称子座，子座是从营养阶段到繁殖阶段的一种过渡形式，如冬虫夏草虫体上长出的棒状物。大多数真菌的细胞壁由几丁质组成，部分低等真菌的细胞壁由纤维素组成。

真菌的繁殖方式有营养繁殖、无性生殖和有性生殖3种。营养繁殖是通过细胞分裂产生子细胞，大部分真菌的营养菌丝以芽生孢子、厚壁孢子、节孢子等方式繁殖；无性生殖则是通过产生游动孢子、孢囊孢子、分生孢子等各种类型的无性孢子来繁殖；有性生殖方式复杂多样，包括同配生殖、异配生殖、接合生殖、卵式生殖等，这些生殖方式可以产生各种类型的孢子，如子囊孢子、担孢子等。

真菌是植物界中一个较大的类群，目前世界上已知的真菌约有10万种，我国约有4万种。真菌门分为5个亚门，即鞭毛菌亚门、接合菌亚门、子囊菌亚门、担子菌亚门和半知菌亚门，药用真菌主要集中在子囊菌亚门和担子菌亚门。

1. 子囊菌亚门 Ascomycotina

子囊菌亚门是真菌门中种类最多的一个亚门。除少数低等子囊菌为单细胞外，绝大多数有发达的菌丝，菌丝具有横隔，并且紧密结合成一定的形状。子囊菌的无性繁殖特别发达，有裂殖、芽殖或形成各种孢子等形式。子囊菌在无性繁殖若干代后，开始通过有性生殖产生子囊和子囊孢子，这是子囊菌亚门最主要的特征。

【代表性药用植物】

冬虫夏草菌 ***Ophiocordyceps sinensis*** **(Berk.) G. H. Sung, J. M. Sung, Hywel-Jones & Spatafora** 冬虫夏草菌为线虫草科真菌，寄生于蝙蝠蛾科昆虫幼体上。其子囊孢子为多细胞

的针状物，在夏、秋季，子囊孢子从子囊中释放出来，断裂成许多小段，即节孢子，侵入幼虫体内。幼虫染菌后钻入土中越冬，菌在虫体内充分利用虫体的营养繁衍菌丝，破坏虫体内部的结构，仅残留外皮，最终虫体内的菌丝体变成菌核。翌年入夏，自幼虫头部长出棒状子座，伸出土表，故称“冬虫夏草”（见图 12－3）。子座棕褐色，上端膨大，形成子囊，产生子囊孢子。孢子成熟后从子囊壳孔口散出，又继续侵染其他幼虫，完成其生长繁殖过程。冬虫夏草主要分布于我国西藏、青海、甘肃、四川、贵州、云南等省（自治区），多生长在海拔 3 000 米以上的高山草甸上。子座和幼虫尸体的干燥复合体入药（冬虫夏草）具有补肾益肺、止血化痰等功效。

图 12－3　冬虫夏草

2. 担子菌亚门 Basidiomycotina

担子菌亚门是真菌门最高等的一个亚门，该亚门的真菌均为多细胞的菌丝体所构成的有机体，菌丝均具横隔膜。其最主要的特征是双核菌丝和有性生殖过程中形成担子和担孢子。

【代表性药用植物】

茯苓 *Poria cocos*（Schw.）Wolf　茯苓为多孔菌科真菌。菌核近球形、长椭圆形或不规则块状，大小不一。表面粗糙，呈灰棕色或黑褐色，内部白色或略带粉红色。子实体无柄，平伏于菌核表面，呈蜂窝状，幼时白色，成熟后变为浅褐色。茯苓多寄生于松属植物（如赤松、马尾松、黄山松、云南松等）的根上，在我国广泛分布，现多栽培。干燥菌核入药（茯苓），具有利水渗湿、健脾、宁心等功效。

猪苓 *Polyporus umbellatus*（Pers.）Fries　猪苓是多孔菌科真菌。菌核呈长块状或扁块状，有的具有分枝，表面粗糙，呈瘤状皱缩。由于处于不同的生长发育阶段，表面有白色、灰色和黑色 3 种颜色，称白苓、灰苓和黑苓，内部白色或淡黄色。子实体自地下菌核内向上生长，伸出地面，菌柄上部呈分枝状。菌盖肉质，呈圆形，白色至浅褐色，中部凹陷。猪苓主产于山西、陕西及河南，常寄生于桦、柳及壳斗科树木的根上。干燥菌核（猪苓）入药后能利水渗湿。

赤芝 *Ganodelma lucidum*（Leyss. ex Fr.）Karst.　赤芝是多孔菌科真菌，为腐生真菌，子

实体木栓质，由菌盖和菌柄组成。菌盖呈半圆形或肾形，初生为淡黄色，后逐渐变成红褐色，外表具有漆样光泽，具环状棱纹及辐射状皱纹。菌盖下面密布细孔（菌管孔），内生担子及担孢子，菌柄侧生（见图 12-4）。赤芝在我国广泛分布，生于栎树及其他阔叶树腐木上，商品药材多为栽培品。干燥子实体（灵芝）入药后能补气安神，止咳平喘。

图 12-4　赤芝

四、地衣类植物

地衣类植物是藻类和真菌共生的复合体。因为两类植物长期紧密地结合在一起，在形态、结构、生理和遗传上都形成一个单独的固定的有机体，所以把地衣当作独立一门看待。

组成地衣的真菌绝大多数为子囊菌，少数为担子菌；藻类主要为绿藻，少数为蓝藻。真菌是地衣的主导部分，地衣原植物体的形态几乎完全由真菌决定。藻类通过光合作用为植物体制造有机养分，真菌则吸收水分和无机盐，为藻类提供进行光合作用的原料，并将藻体包被在其中，以避免强光直射和防止藻类细胞干燥死亡，这两者形成一种特殊的共生关系。

地衣进行营养繁殖和有性生殖。营养繁殖由地衣体断裂成若干裂片，每个裂片发育成新的个体，或者在地衣体上产生粉芽、珊瑚芽等营养繁殖体。有性生殖仅由共生的真菌进行，因地衣中共生真菌以子囊菌居多，所以通过有性生殖产生子囊孢子的类型最为常见。

地衣适应性很强，特别能耐寒耐旱，干旱时进入休眠状态，雨后又能迅速恢复生长。它们分布极为广泛，可以生长在瘠薄的峭壁、岩石、树皮上，甚至沙漠中。大多数地衣喜光照和新鲜空气，因此它们是检测环境污染程度的指示性植物。

【代表性药用植物】

松萝 *Usnea diffracta* Vain.　松萝为松萝科植物。植物体呈丝状，长 15～30 厘米，呈二叉式分枝，基部较粗，分枝少，先端分枝多。表面灰黄绿色，具光泽，有明显的环状裂沟；横断面中央有韧性丝状的中轴，具弹性，由菌丝组成；其外为藻环，常由环状沟纹分离或呈短筒状（见图 12-5）。松萝分布于我国大部分地区，生于深山老林中的树干上或岩石上。干燥地衣体入药有小毒，具有止咳平喘、活血通络、清热解毒等功效。

图 12－5 松萝

任务实施

一、任务准备

1. 实训材料

准备一些代表性低等植物的新鲜标本或标本片，如水绵的新鲜标本或制片，海带、昆布等藻类植物；冬虫夏草、茯苓、赤芝等真菌；松萝等地衣类植物。

2. 实训器材

解剖镜（或放大镜）、光学显微镜、解剖器材、吸水纸、培养皿等。

二、识别藻类药用植物

1. 观察海带和昆布的形态，描述其形态特征。
2. 显微镜下观察水绵的细胞形态和载色体。

三、识别真菌类药用植物

1. 观察冬虫夏草，总结其主要特征并绘制形态结构简图。
2. 观察茯苓、赤芝的形态，描述其形态特征。

四、识别地衣类药用植物

观察松萝，描述其形态特征。

五、任务评测

按表 12－1 进行任务测评，并做好记录。

表 12-1 任务评分标准

序号	考核内容	考核标准	配分	得分
1	识别藻类药用植物	能识别海带和昆布，并准确描述其形态特征	30	
2	识别真菌类药用植物	能准确描述冬虫夏草、茯苓、赤芝的形态特征，并准确绘制冬虫夏草形态结构简图	50	
3	识别地衣类药用植物	能准确描述松萝的形态特征	20	
合计			100	

思考与练习

冬虫夏草“冬天是虫，夏天是草”，那么它究竟是虫还是草？

任务十三　识别药用苔藓植物

学习目标

1. 了解苔藓植物的类型，熟悉苔藓植物的主要特征。
2. 通过观察，能识别常见的药用苔藓植物。

任务引入

苔藓植物是最原始的高等植物，无花、无种子，依靠孢子繁殖。苔藓喜欢阴暗潮湿的环境，一般生长在裸露的石壁上或潮湿的森林、沼泽地中。作为一种小型的绿色植物，苔藓结构简单，仅包含茎和叶两部分，部分种类甚至仅有扁平的叶状体。

请思考，苔藓植物有没有真正的根和维管束？

相关知识

一、苔藓植物的主要特征

苔藓植物是绿色自养型的陆生植物。植物构造简单，植株矮小。常见的植物体是配子体，其体型一般很小，可分成两种类型：一种是苔类，其形态保持叶状体结构；另一种是藓类，开始出现类似茎、叶的分化。苔藓植物没有真正的根，仅有单列细胞构成的假根，没有维管束。叶多数是由一层细胞组成，既能进行光合作用，又能直接吸收水分和养料。

苔藓植物生活史中具有明显的世代交替现象。苔藓植物有性生殖器官是多细胞构造，分别为精子器和颈卵器。颈卵器的外形如瓶状，上部细狭称颈部，中部有 1 条沟称颈沟，下部膨大称腹部，腹部中间有 1 个大型的细胞称卵细胞。精子器产生精子，精子具有两条鞭毛，以水为媒介游到颈卵器中与卵细胞结合成合子，合子在颈卵器内发育成胚，胚依靠配子体的营养发育成孢子体。孢子体不能独立生存，只能寄生在配子体上。孢子体由孢蒴、蒴柄和基足 3 部分组成。孢蒴内产生孢子，孢子成熟后散落在适宜的环境中萌发成原丝体，进一步发育成新的配子体。在苔藓植物的生活史中，从孢子萌发到形成配子体，配子体产生雌、雄配子，这一阶段为有性世代；从受精卵（合子）发育成胚，由胚发育成孢子体的阶段为无性世代。有性世代和无性世代互相交替形成了世代交替现象（见图 13－1）。

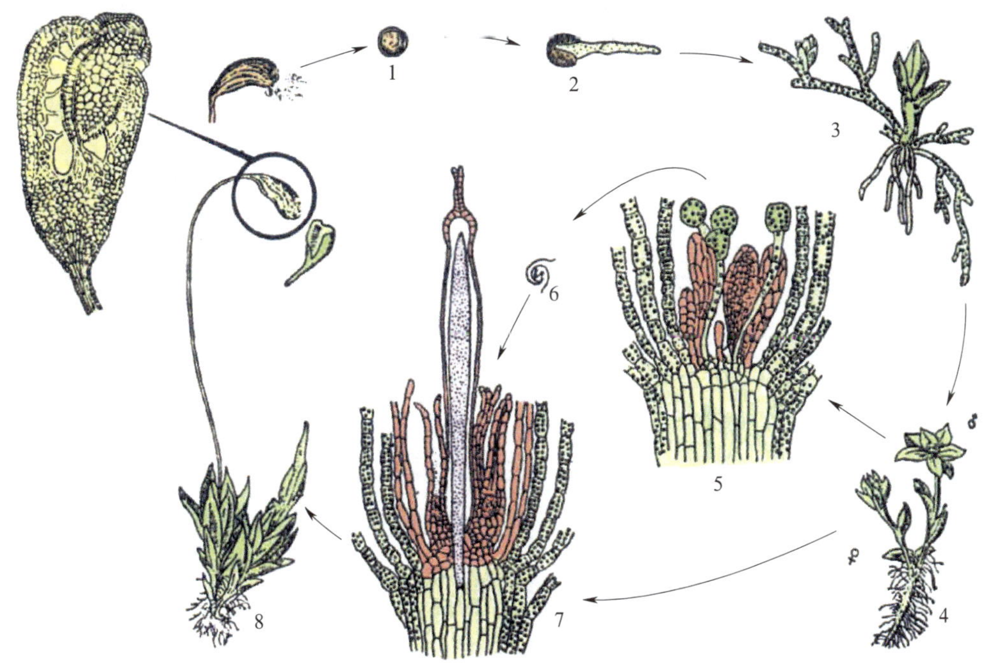

图 13－1　苔藓的生活史

1. 孢子；2. 孢子萌发；3. 原丝体，上有芽及假根；4. 配子体上的雌、雄生殖枝；
5. 精子器和隔丝，外有孢叶；6. 精子；7. 颈卵器和正在发育的二孢子体；8. 成熟的孢子体仍寄生于配子体上。

苔藓植物的配子体在生活史中占优势，且能独立生存，而孢子体不能独立生存，只能寄生在配子体上，这是苔藓植物与其他高等植物明显不同的特征之一。

苔藓植物一般生长在潮湿和阴暗的环境中，如林中的树皮、树枝及朽木表面，极少数生于急流中的岩石或干燥地区。在阴湿的森林中，苔藓植物常形成森林苔原景观，它是从水生到陆生过渡形式的代表。苔藓也和地衣一样，具有促进岩石分解为土壤的作用。

二、常见的药用苔藓植物

苔藓植物在全世界约有 23 000 种，我国约有 2 800 种，药用的有 21 科，50 余种。根据其营养体的形态结构，通常分为两大类，即苔纲和藓纲，二者的主要特征见表 13－1。

表 13－1　　苔纲和藓纲的主要特征

项目	苔纲	藓纲
配子体	多为扁平的叶状体，有背腹之分；体内无维管组织；根是由单细胞组成的假根	有茎、叶的分化，茎内具有中轴分化，但无维管组织；根是由单列细胞组成的分枝假根
孢子体	由基足、短缩的蒴柄和孢蒴组成，孢蒴无蒴齿，孢蒴内有孢子及弹丝，成熟时在顶部呈不规则开裂	由基足、蒴柄和孢蒴组成，蒴柄较长，孢蒴顶部有蒴盖及蒴齿，中央为蒴轴，孢蒴内有孢子，无弹丝，成熟时盖裂
原丝体	孢子萌发时产生原丝体，原丝体不发达，不产生芽体，每一个原丝体只形成一个配子体	原丝体发达，在原丝体上产生多个芽体，每个芽体形成一个配子体
生长环境	多生长于阴湿土地、岩石和潮湿的树干上	比苔纲植物耐低温，可生长于温带、寒带、高山、冻原、森林、沼泽等地，常形成大片群落

1. 苔纲 Hepaticae

【代表性药用植物】

地钱 ***Marchantia polymorpha* L.**　地钱是地钱科植物。植物体为绿色扁平二分叉的叶状体（即配子体），贴地生长，因此有背腹之分。背面可见表皮上有许多菱形或六角形的网纹，网纹中央有一白点，即气孔。腹面具有紫色鳞片和假根。地钱进行营养繁殖和有性生殖。其中营养繁殖是在叶状体背面形成杯状结构，称胞芽杯，其内产生很多胞芽。芽脱落后就可在湿润的环境中萌发，产生叶状体。地钱还可以有性生殖，其植物体雌雄异株。雌器托指状或片状深裂，下面生颈卵器，托柄较长；卵细胞受精后发育成孢子体，孢子体分为孢蒴、蒴柄和基足 3 部分。雄器托圆盘状，波状浅裂，上面生许多小孔，孔腔内生精子器，托柄较短（见图 13－2）。地钱分布于我国各地，生于阴湿土地和岩石上。全草入药，具有清热解毒、祛瘀生肌等功效。

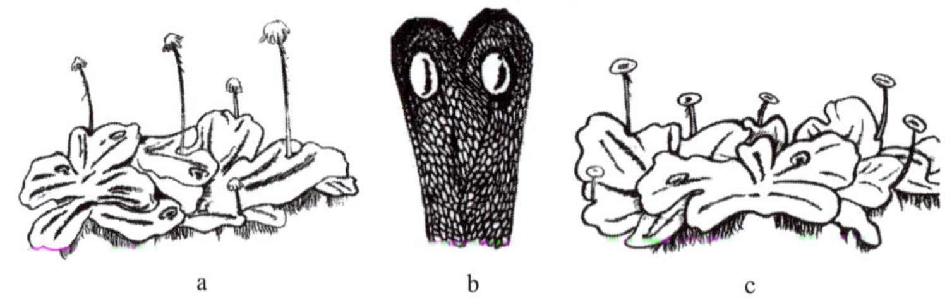

图 13－2　地钱

a. 雌株　b. 胞芽杯　c. 雄株

蛇苔 ***Conocephalum conicum*（Linn.）Dum.**　蛇苔全草入药，具有清热解毒、消肿止痛等功效。

2. 藓纲 Musci

【代表性药用植物】

金发藓 ***Polytrichum commune* Hedw.**　金发藓是金发藓科植物。植物体高 10～30 厘米，常丛集成大片群落。幼株呈深绿色，成熟时呈黄棕色。其具有茎、叶分化，茎直立且单一，下部着生假根多数。叶密生于茎中上部，向下逐渐变得稀疏且细小，呈鳞片状，长披针形，边缘有细齿，中肋突出，叶基呈鞘状。孢子体生于雌株顶端，蒴柄较长，呈棕红色；蒴帽被棕红色毛，覆盖着孢蒴，孢蒴四棱柱形，棕红色（见图13-3）。金发藓分布于全国各地，生于山野阴湿土坡及森林沼泽。全草入药称土马鬃，具有清热解毒、凉血止血等功效。

图13-3　金发藓

a. 雌株，其上具孢子体　b. 雌配子体　c. 雄株，中央长出新枝　d. 雄配子体　e. 叶腹面观
f. 具蒴帽的孢蒴　g. 孢蒴　h. 蒴盖　i. 脱盖后的孢蒴口，具64蒴齿

暖地大叶藓 ***Rhodobryum giganteum*** **Paris**　暖地大叶藓属真藓科，茎直立，具有横生根状茎。叶丛生于茎顶，呈绿色伞状。茎下部叶片较小，呈紫红色鳞片状，紧密贴生于茎上；顶生叶较大，簇生如花苞状，绿色。暖地大叶藓为雌雄异株。蒴柄紫红色，孢蒴长筒形，下垂，褐色。孢子呈球形。该物种分布于我国长江以南的各省山区，生于溪边岩石或潮湿林地。全草入药称回心草，具有清心明目、安神等功效。

葫芦藓 ***Funaria hygrometrica*** **Hedw.**　葫芦藓全草入药，具有除湿、止血的功效。

任务实施

一、实训器材

1. 实训材料

准备一些代表性苔藓植物的新鲜标本或标本制片，如新鲜地钱、地钱生殖器托纵切片、地钱孢子体纵切片，金发藓、蛇苔、暖地大叶藓（或葫芦藓）等新鲜标本或腊叶标本。

2. 实训器材

光学显微镜、解剖镜（或放大镜）、解剖器材、吸水纸等。

二、观察地钱的形态和内部结构

1. 观察地钱植物体（配子体）。
2. 在显微镜下观察地钱雌、雄生殖器托纵切片。
3. 在显微镜下观察地钱孢子体纵切片。
4. 绘制地钱形态图。

三、观察金发藓的形态

观察金发藓植物体。

四、观察下列药用苔藓植物标本

1. 蛇苔。
2. 暖地大叶藓（或葫芦藓）。

五、任务测评

按表 13－2 进行任务测评，并做好记录。

表 13－2　　任务评分标准

序号	考核内容	考核标准	配分	得分
1	地钱的结构	能准确描述地钱的结构	20	
2	地钱的形态	能准确绘制地钱的形态图	40	
3	地钱各部分名称	能准确注明地钱各部分名称	40	
合计			100	

思考与练习

1. 苔藓植物有哪些主要特征？
2. 什么是世代交替？

任务十四　识别药用蕨类植物

学习目标

1. 熟悉蕨类植物的代表性药用植物，掌握蕨类植物的主要特征。

2. 通过观察，能识别常见的药用蕨类植物。

任务引入

蕨类植物是具有维管组织的高等植物，因其具有独立生活的配子体和孢子体而不同于其他高等植物。在生殖方式上，蕨类植物通过无性生殖产生孢子，有性生殖器官包括精子器和颈卵器。然而，蕨类植物的孢子体远比配子体发达，并且出现了根、茎、叶的分化和较为原始的维管系统，这些特征又和苔藓植物不同。此外，蕨类植物产生孢子而不产生种子，这一点与种子植物不同。因此，蕨类植物是介于苔藓植物和种子植物之间的一类植物，它较苔藓植物进化，而较种子植物原始，既是高等的孢子植物，又是原始的维管植物。

相关知识

一、蕨类植物的主要特征

1. 蕨类植物的孢子体

蕨类植物的孢子体发达，具有明显的根、茎、叶分化，大多数蕨类植物为多年生草本，仅少数植物为一年生。

（1）根。蕨类植物的根通常为不定根，呈须根状。

（2）茎。蕨类植物的茎大多数为根状茎，其生长方式多为匍匐生长或横走。茎表面通常被有膜质鳞片或毛茸，鳞片上常分布有粗或细的筛孔，毛茸的类型有单细胞毛、腺毛、节状毛、星状毛等（见图 14－1）。

图 14－1　毛茸（金毛狗脊）

（3）叶。蕨类植物的叶多从根状茎上长出，其着生方式有簇生、近生或远生，幼叶弯曲。根据叶的起源及形态特征，可将其分为小型叶和大型叶两种。小型叶没有叶隙和叶柄，仅具 1 条不分枝的叶脉，如石松科、卷柏科、木贼科等植物的叶。大型叶具叶柄和叶片，叶脉呈分枝状，如真蕨类植物的叶，其又可分为单叶和复叶两类。

蕨类植物的叶根据功能又可分成孢子叶和营养叶两种。孢子叶是指能产生孢子囊和孢子的叶，又称能育叶（见图 14-2）；营养叶仅能进行光合作用，不能产生孢子囊和孢子，又称不育叶。有些蕨类植物的孢子叶和营养叶形状相同，称同型叶，如粗茎鳞毛蕨、石韦等；也有的孢子叶和营养叶形状完全不同，称异型叶，如荚果蕨、槲蕨、紫萁等。

图 14-2　孢子叶（紫萁）

（4）孢子囊。在小叶型蕨类植物中，孢子囊单生于孢子叶的近轴面叶腋或叶的基部，通常众多孢子叶紧密或疏松地集生于枝的顶端，形成球状或穗状结构，称孢子叶球或孢子叶穗，如石松和木贼等。大叶型蕨类植物不形成孢子叶穗，孢子囊也不单生于叶腋处，而是由许多孢子囊聚集成不同形状的孢子囊群或孢子囊堆，生于孢子叶的背面或边缘（见图 14-3）。孢子囊群有圆形、长圆形、肾形、线形等形状，常有膜质盖，称囊群盖。孢子囊由单层或多层细胞组成，细胞壁上有不均匀的增厚，形成环带。环带的着生位置有多种形式，如顶生环带、横行环带、斜行环带、纵行环带等，这些环带对于孢子的散布有重要作用。

图 14-3　孢子囊（狗脊）

（5）孢子。多数蕨类植物产生的孢子形态大小相同，称孢子同型；少数蕨类植物的孢子大小不同，即有大孢子和小孢子的区别，称孢子异型。产生大孢子的囊状结构称大孢子囊，产生小孢子的称小孢子囊；大孢子萌发后形成雌配子体，小孢子萌发后形成雄配子体。无论是孢子同型还是孢子异型，在孢子形态上均可分为两面形、四面形或球状四面形 3 种类型。

2. 蕨类植物的配子体

蕨类植物的孢子成熟后，散落在适宜环境里萌发形成一片细小的、呈各种形状的绿色叶状体，称原叶体，即蕨类植物的配子体。大多数蕨类植物的配子体生长于潮湿的环境中，具背腹分化的叶状体，能独立生活。配子体成熟时，大多数在其腹面产生有性生殖器官，即精子器和颈卵器。精子器内产生具鞭毛的精子，颈卵器内有一个卵细胞，精卵成熟后，精子由精子器逸出，以水为媒介进入颈卵器内与卵细胞结合，受精卵随后发育成胚，由胚进一步发育成孢子体。

3. 蕨类植物的生活史

蕨类植物具有明显的世代交替现象，从单倍体的孢子开始，到配子体上产生精子和卵细胞，这一阶段为单倍体的配子体世代（有性世代）；从受精卵开始，到孢子体上产生的孢子囊中孢子母细胞在减数分裂之前，这一阶段为二倍体的孢子体世代（无性世代）。这两个世代有规律地交替，共同完成其生活史。

蕨类植物和苔藓植物的生活史存在两点显著差异：一是蕨类植物的孢子体和配子体都能独立生活；二是蕨类植物的孢子体发达，配子体相对弱小，生活史中孢子体占主导地位，这种现象称为异型世代交替。

二、常见的药用蕨类植物

蕨类植物约有 12 000 种，广泛分布于全世界，以热带、亚热带为分布中心。我国约有 2 600 种，其中已知可以药用的有 300 余种。

蕨类植物的化学成分复杂，主要包括生物碱类、酚类、黄酮类、甾体及三萜类化合物和其他成分。

1. 石松科 Lycopodiaceae

石松科植物为陆生或附生草本。根不发达，茎具二叉分枝。叶为小型单叶，具有中脉，呈螺旋状或轮状排列。孢子叶穗顶生于茎端，孢子囊呈肾型，横卧于叶腋内，孢子同型。

该科共有 5 属约 400 种，广泛分布于热带与亚热带。我国有 5 属 66 种，分布于华东、华南、华中及西南大部分省区。

【代表性药用植物】

石松 *Lycopodium japonicum* Thunb. 石松为多年生草本，匍匐茎蔓生，直立茎常二叉分枝，高 30 厘米左右。叶细小，呈线状钻形，螺旋状排列。孢子枝高于营养枝，孢子叶聚生于枝顶，形成孢子叶穗，孢子叶穗长2～5厘米，单生或2～6个着生于孢子枝顶端，孢子囊肾形，孢子为三棱状锥形（见图14-4）。石松分布于我国除东北、华北之外各地，生于林下阴坡的酸性土壤上。全草入药（伸筋草），具有祛风除湿、舒筋活络等功效。

图14-4　石松

2. 卷柏科 Selaginellaceae

卷柏科植物为陆生草本植物，茎通常背腹扁平，横生。叶为小型单叶，具有中脉，腹面基部有一叶舌，呈舌状或扇状，通常在成熟时脱落。孢子叶穗呈四棱柱形或扁圆形。孢子囊异型，单生于叶腋基部。孢子异型，大孢子囊内含大孢子4枚，小孢子囊内含小孢子多数，均为球状四面形。

该科仅有1属，约700种，主产于热带地区。我国有70余种，各地均有分布。

【代表性药用植物】

卷柏 ***Selaginella tamariscina*** **(Beauv.) Spring.**　卷柏为多年生直立草本，全株呈莲座状，干燥时枝叶向顶上卷缩。主茎短，基部生多数须根，上部分枝多且丛生。叶呈鳞片状，有中叶（腹叶）与侧叶（背叶）之分，覆瓦状排成4列。孢子叶穗着生于枝顶，呈四棱形，孢子囊圆肾形，孢子异型（见图14-5）。卷柏分布于我国各地，生长于向阳山地或岩石上。全草入药（卷柏），具有活血通经（生用）、化瘀止血（炒炭后）的功效。

图14-5　卷柏

3. 木贼科 Equisetaceae

木贼科植物为多年生草本，根状茎横走生长，茎细长直立，节明显，节间常中空，分枝或不分枝，表面粗糙，富含硅质，有多条纵脊。叶小，呈鳞片状，轮生，基部连合成鞘状。孢子叶盾形，在小枝顶端排成穗状，孢子圆球形，表面着生4条十字形弹丝。

该科仅有1属，约20种，除大洋洲外，世界各地均有分布。我国有10种，主产于东北、华北、内蒙古和长江流域。

【代表性药用植物】

木贼 *Equisetum hyemale* L.　木贼为多年生草本，茎直立、单一、中空，有明显的节和节间，有纵棱脊18～30条，棱脊上有多数疣状突起，质地极粗糙。叶鞘基部和鞘齿呈黑色两圈。孢子叶穗生于茎顶，呈长圆形，孢子同型（见图14－6）。木贼分布于我国东北、华北、西北、四川等地，生于山坡湿地或疏林下。干燥地上部分入药（木贼），具有疏散风热、明目退翳等功效。

图14－6　木贼

4. 紫萁科 Osmundaceae

紫萁科植物为多年生草本，根状茎粗短直立，无鳞片。叶片幼时被有棕色腺状绒毛，成熟时光滑，一至二回羽状分裂，叶脉分离，二叉分枝。孢子囊生于卷缩变形的孢子叶羽片边缘，孢子囊顶端有多个增厚的细胞，自腹面纵裂，孢子为圆球状四面形。

该科有4属约20种，其中紫萁属特产于北半球，我国有2属8种，主产于西南地区。

【代表性药用植物】

紫萁 *Osmunda japonica* Thunb.　紫萁为多年生草本植物。根状茎短块状，有残存叶柄，无鳞片。叶丛生，二型，幼时密被绒毛，营养叶三角状阔卵形，顶部一回羽状，其下二回羽状，小羽片披针形或三角状阔卵形，叶脉叉状分离；孢子叶小羽片狭窄，卷缩成线形，沿主脉两侧密生孢子囊，成熟后枯死（见图14－7）。紫萁分布于秦岭以南温带及亚热带地区，生于山坡林下、溪边、山脚路旁酸性土壤中。根状茎及叶柄残基入药（紫萁贯众），具有清热解毒、止血、杀虫等功效。

图 14-7　紫萁

5. 海金沙科 Lygodiaceae

海金沙科植物为陆生缠绕植物，根状茎横走，表面被毛，无鳞片。叶轴细长，缠绕着生，羽片呈二叉状或一至二回羽状复叶，近二型。不育叶羽片通常生于叶轴下部，能育叶羽片生于上部。孢子囊生于能育叶羽片边缘的小脉顶端，排成两行，呈穗状。孢子囊梨形，横生于短柄上，环带顶生，孢子四面形。

该科只有 1 属，分布于全世界热带和亚热带地区。我国现有 9 种，分布较广。

【代表性药用植物】

海金沙 ***Lygodium japonicum*** **(Thunb.) Sw.**　海金沙为缠绕草质藤本，根状茎横走。羽片二型，能育叶羽片卵状三角形，不育叶羽片三角形，二回羽状分裂，小羽片 2～3 对。孢子囊穗生于孢子叶羽片的边缘，排列成流苏状；孢子表面有疣状突起（见图 14-8）。海金沙分布于我国长江流域及南方各省区，生于山坡灌木丛中。成熟孢子入药（海金沙），具有清利湿热、通淋止痛等功效。

图 14-8　海金沙

6. 蚌壳蕨科 Dicksoniaceae

蚌壳蕨科植物植株高大，呈树状，主干粗大，或短而平卧，表面密被金黄色长柔毛，无鳞片。叶片大，三至四回羽状分裂，革质，叶脉分离，叶柄长而粗。孢子囊群生于叶背面，囊群盖两瓣开裂，形似蚌壳，革质孢子囊梨形；环带稍斜生，有柄；孢子四面体形。

该科有 5 属，分布于热带地区。我国有 1 属。

【代表性药用植物】

金毛狗脊 *Cibotium barometz*（L.）J. Sm.　金毛狗脊植株呈树状，高 2～3 米，根状茎粗壮，木质，表面密生黄色有光泽的长柔毛，状如金毛狗。叶片三回羽状分裂，末回小羽片狭披针形；侧脉单一，或二分叉；孢子囊群生于小脉顶端，每裂片 15 对；囊群盖二瓣裂，呈蚌壳状（见图 14-9）。金毛狗脊分布于我国南部和西南部地区，生于山脚沟边及林下阴湿处的酸性土壤中。根状茎入药（狗脊），具有补肝肾、强腰膝、祛风湿等功效。

图 14-9　金毛狗脊

7. 凤尾蕨科 Pteridaceae

凤尾蕨科植物为陆生草本，根状茎直立或横走，表面被有关节毛或鳞片。叶同型或近二型，叶片一至二回羽状分裂，稀掌状分裂，叶脉分离，有柄。孢子囊群生于叶背边缘或缘内。囊群盖膜质，由变形的叶缘反卷而成，线形，向内开口；孢子囊有长柄；孢子四面形或两面形。

该科有 50 属约 950 种，分布于世界各地。我国有 20 属 200 余种，分布于全国各地。

【代表性药用植物】

井栏边草 *Pteris multifida* Poir.　井栏边草为多年生草本，根状茎直立，顶端有钻形黑色鳞片。叶二型，簇生，草质；能育叶长卵形，一回羽状分裂，除基部一对叶有柄外，其余各对基部下延，在叶轴两侧形成狭羽，羽片或小羽片条形；不育叶的羽片或小羽片较宽，边缘有不整齐的尖锯齿。孢子囊群线形，沿叶边连续分布（见图 14－10）。井栏边草分布于我国华东、中南、西南等地区。全草入药（凤尾草），具有清热、利湿、解毒等功效。

图 14－10　井栏边草

8. 鳞毛蕨科 Dryopteridaceae

鳞毛蕨科植物为陆生中小型植物，根状茎直立或短而斜生，稀横走，连同叶柄表面多被鳞片。叶轴上面有纵沟，叶片 1 至多回羽状分裂。孢子囊群背生或顶生于小脉，囊群盖肾形或圆形，有时无盖。孢子两面形，表面有疣状突起或有翅。

该科约有 25 属 2 100 余种，分布于世界各地，但主要集中于北半球温带和亚热带高山地带。我国有 10 属近 500 种，分布于全国各地，尤以长江以南地区为丰富。

【代表性药用植物】

粗茎鳞毛蕨 *Dryopteris crassirhizoma* Nakai　粗茎鳞毛蕨为多年生草本。根状茎直立，连同叶柄密生棕色大鳞片。叶簇生，二回羽状分裂，裂片紧密，短圆形，叶轴上被有黄褐色鳞片。侧脉羽状分叉，孢子囊群分布于叶片中部以上的羽片上，生于小脉中部以下，每裂片 1～4 对；囊群盖圆肾形，棕色（见图 14－11）。粗茎鳞毛蕨分布于我国东北地区及河北，生于林下潮湿处。根状茎及叶柄残基入药（绵马贯众），具有清热解毒、驱虫的功效；炒炭后（绵马贯众炭）可收涩止血。

图 14－11　粗茎鳞毛蕨

9. 水龙骨科 Polypodiaceae

水龙骨科植物为陆生或附生植物，根状茎横走，表面被鳞片。叶同型或二型；叶柄与根状茎之间有关节相连；单叶，全缘或羽状半裂至一回羽状分裂；网状脉。孢子囊群圆形或线形，或有时布满叶背，无囊群盖；孢子囊梨形或球状梨形；孢子椭圆形。

该科有50余属，广布于全世界，但主要分布于热带和亚热带地区。我国有39属267种，主要分布于长江以南各省区。

【代表性药用植物】

石韦 ***Pyrrosia lingua*** **(Thunb.) Farwell**　石韦为多年生草本，高10～30厘米。根状茎横走，表面密生褐色针形鳞片。叶远生，叶片披针形，下面密被灰棕色星状毛；叶柄基部有关节。孢子囊群在侧脉间紧密而整齐地排列，初为星状毛包被，成熟时露出。无囊群盖（见图14-12）。石韦分布于我国长江以南各省区，生于岩石或树干上。叶入药（石韦），具有利尿通淋、清肺止咳、凉血止血等功效。

图14-12　石韦

槲蕨 ***Drynaria fortunei*** **(Kunze) J. Sm.**　槲蕨为多年生草本。根状茎肉质横走，表面密生钻状披针形鳞片，边缘呈流苏状。叶二型，营养叶棕黄色，厚干膜质，卵圆形，羽状浅裂，无柄，覆瓦状叠生在孢子叶柄的基部；孢子叶绿色，长椭圆形，羽状深裂，裂片7～13对，基部裂片缩短呈耳状，叶柄短，有狭翅。孢子囊群圆形，生于叶背主脉两侧，各成2～3行。无囊群盖（见图14-13）。槲蕨分布于我国中南、西南地区及台湾、福建、浙江等省，附生于岩石或树上。根状茎入药（骨碎补），具有疗伤止痛、补肾强骨、消风祛斑（外用）等功效。

图14-13　槲蕨

任务实施

一、任务准备

1. 实训材料

准备一些常见的药用蕨类植物的新鲜或腊叶标本，如石松、卷柏、木贼、海金沙、粗茎鳞毛蕨、石韦、槲蕨等。

2. 实训器材

光学显微镜、解剖镜（或放大镜）、解剖器材、吸水纸等。

二、识别常见的药用蕨类植物

观察并列表记录常见药用蕨类植物如石松、卷柏、木贼、海金沙、粗茎鳞毛蕨、石韦、槲蕨等的形态特征和入药部位。

三、任务测评

按表 14－1 进行任务测评，并做好记录。

表 14－1　任务评分标准

序号	考核内容	考核标准	配分	得分
1	蕨类植物类群的特征	能准确描述蕨类植物类群的特征	40	
2	蕨类植物常见科及代表植物特征	能准确列举蕨类植物常见科及代表植物特征	30	
3	识别药用蕨类植物	能准确描述常见药用蕨类植物的药用部位及药用价值	30	
合计			100	

思考与练习

蕨类植物与苔藓植物有什么共同点？又有什么不同点？

任务十五　识别药用裸子植物

学习目标

1. 了解裸子植物主要科的分布范围及代表性药用植物，熟悉裸子植物常见科的形态及代表性药用植物的特征，掌握裸子植物类群的主要特征。

2. 通过观察，能识别常见的药用裸子植物。

任务引入

在距今约 3 亿年前的二叠纪时期，大气中的二氧化碳含量比前工业时代高出 3 倍，平均温度也相应高于现代。这一时期的板块漂移运动使得大陆逐渐聚合，导致陆地内部变得更加干旱。因此，生殖过程离不开水的蕨类植物逐渐失去了优势，取而代之的是更加耐旱的裸子植物。凭借种子繁殖的生存优势，直到白垩纪晚期，裸子植物一直占据着中生代时期植物界的统治地位。你知道身边有哪些植物属于裸子植物吗？它们有哪些特征？

相关知识

一、裸子植物的主要特征

裸子植物的生殖器官具有颈卵器结构，因此与苔藓、蕨类植物并称颈卵器植物。由于裸子植物和被子植物都可开花产生种子，通过种子进行繁殖，因此又统称种子植物。裸子植物的胚珠外无心皮包卷，不形成子房，发育好的种子无果皮包被，故称裸子植物。

裸子植物具有悠久的演化历史，最早出现在约 3.5 亿年前的古生代泥盆纪。现存的裸子植物广泛分布于世界各地，主要集中于北半球亚热带高山地区及温带至寒带地区，常形成大面积的森林。

现代裸子植物的种类分属于 4 纲 9 目 12 科 71 属，近 800 种。我国裸子植物共有 4 纲 8 目 11 科 41 属，共 236 种，是世界上裸子植物种类最多、资源最丰富的国家。

裸子植物的主要特征如下：

1. 植物体（孢子体）发达

裸子植物通常为乔木，少数为灌木，极少数为木质藤本；茎的维管束呈环状排列，具有形成层，次生木质部几乎全部由管胞组成，少数含有导管。韧皮部有筛胞，无筛管和伴胞。叶多为针形、条形或鳞形。

2. 胚珠（大孢子囊）裸生，不形成果实

裸子植物的花为单性，雄蕊（小孢子叶）疏松或紧密排列，组成雄球花（小孢子叶球）；雌蕊的心皮（大孢子叶）呈叶状而不包卷成子房，丛生或聚生成大孢子叶球（雌球花）；胚珠裸生于心皮的边缘，经过传粉、受精后发育成种子，这一特征是裸子植物与被子植物的主要区别。

3. 配子体极度退化

裸子植物的雄配子体为萌发后的花粉粒，雌配子体由胚囊和胚乳组成。配子体退化寄生在孢子体上。

4. 常具多胚现象

大多数的裸子植物具有多胚现象，即一个胚珠内可发育出多个胚。

二、常见的药用裸子植物

1. 银杏科 Ginkgoaceae

银杏科植物为落叶乔木，树干高大，分枝繁茂，枝分长枝与短枝。叶扇形，具长柄，细脉呈多数并列叉状，叶片在长枝上螺旋状排列散生，在短枝上簇生。球花单性，雌雄异株，生于短枝顶部的鳞片状叶腋内，呈簇生状；雄球花具梗，呈葇荑花序状，雄蕊多数，螺旋状着生，排列较疏，具短梗，每个雄蕊具花药 2 个，药室纵裂，药隔不发达；雌球花具长梗，梗端常分 2 叉，少数不分叉或分成 3～5 叉，叉顶生珠座，各具 1 枚直立胚珠。种子核果状，具长梗，下垂，外种皮肉质，中种皮骨质，内种皮膜质，胚乳丰富；子叶常 2 枚，发芽时不出土。

该科仅 1 属 1 种，我国特产。

【代表性药用植物】

银杏 *Ginkgo biloba* L. 银杏的形态特征与科同（见图 15-1）。成熟种子入药（白果），具有敛肺定喘、止带缩尿等功效，多食有毒；叶入药（银杏叶）则具有活血化瘀、通络止痛、敛肺平喘、化浊降脂等功效。

图 15-1　银杏

2. 松科 Pinaceae

松科植物为常绿或落叶乔木，少数为灌木状；仅有长枝，或兼有长枝与生长缓慢的短枝，短枝通常明显，少数极度退化而不明显。针形叶 2～5 针（少数 1 针或多至 81 针）成 1 束，着生于极度退化的短枝顶端，基部包有叶鞘。花单性，雌雄同株。苞鳞与种鳞离生（仅基部合生），种鳞的腹面基部有 2 粒种子，通常种子顶端具膜质单翅。

该科在我国有 10 属 100 余种，分布于全国。

【代表性药用植物】

马尾松 *Pinus massoniana* Lamb. 马尾松为常绿乔木。树皮红褐色，下部灰褐色，裂成不规则的鳞状块片。针叶 2 针一束，极少数 3 针一束，细长而柔软。球果卵形或圆锥状卵形，有短柄，熟时栗褐色。种鳞的鳞盾（种鳞顶端加厚膨大呈盾状的露出部分）菱形，鳞脐（鳞盾中心凸出的部分）微凹，无刺。种子长卵圆形，具单翅，子叶 5～8 枚。马尾松分布于我国淮河和汉水流域以南地区，西至重庆、四川、贵州和云南，生于阳光充足的丘陵山地酸性土壤。其花粉（松花粉）具有收敛止血、燥湿敛疮的功效；瘤状节或分枝节入药（油松节）具有祛风除湿、通络止痛的功效。

该科常见的药用植物还有以下几类：**油松 *Pinus tabuliformis* Carr.**：常绿乔木。叶 2 针一束，质地粗硬；鳞盾肥厚，隆起或微隆起，扁菱形或菱状多角形，横脊显著，鳞脐凸起有尖刺。油松为我国特有树种，分布于北部及西部，生于干燥的山坡上。**金钱松 *Pseudolarix amabilis*（Nelson）Rehd.**：落叶乔木。树皮灰褐或灰色，裂成不规则鳞状块片。叶在长枝上螺旋状排列，散生，在短枝上簇生，辐射平展呈圆盘形，秋后呈金黄色，似铜钱。雄球花簇生于短枝顶端，雌球花单生于短枝顶端，苞鳞大，珠鳞小。球果当年成熟，卵形，种鳞熟时与果轴一同脱落。金钱松分布于我国长江流域以南各省区。根皮或近根树皮入药（土荆皮），具有杀虫、疗癣、止痒的功效。

3. 柏科 Cupressaceae

柏科植物为常绿乔木或灌木。叶交叉对生或 3～4 片轮生，常为鳞形或刺形，或同一树上兼有两型叶。球花单性，雌雄同株或异株；苞鳞与珠鳞完全合生，珠鳞生有 1 至多枚直立胚珠。球果球形、卵形或圆柱形；种鳞木质或近革质，或肉质合生呈浆果状；种子周围具窄翅或无翅，部分种子上端有一长一短之翅。

该科在我国有 8 属 40 余种，分布于南北各地。

【代表性药用植物】

侧柏 *Platycladus orientalis*（L.）Franco　侧柏为常绿乔木，小枝向上直展或斜展，扁平，排成一平面。鳞叶贴生于小枝上，长 1～3 毫米，先端微钝，小枝中央的叶露出部分呈倒卵状菱形或斜方形，背面中间有条状腺槽，两侧的叶船形，先端微内曲，背部有钝脊，尖头的下方有腺点。球果近卵圆形，种鳞两对倒卵形或椭圆形，扁平，覆瓦状排列，有反曲的尖头，熟时开裂，中部种鳞各有种子 1～2 粒。种子卵形或近椭球形，无翅（见图 15－2）。侧柏为我国特产，分布遍及全国，各地常有栽培。枝梢和叶入药（侧柏叶），具有凉血止血、化痰止咳、生发乌发的功效；成熟种仁入药（柏子仁）则具有养心安神、润肠通便、止汗等功效。

图 15－2　侧柏

4. 红豆杉科 Taxaceae

红豆杉科植物为常绿乔木或灌木。叶条形或披针形，呈螺旋状排列或交叉对生，上面中脉凹陷，背面沿中脉两侧各有 1 条气孔带，叶内有树脂道或无。球花单性，雌雄异株，稀同株；雄球花单生于叶腋或苞腋，或组成穗状花序集生于枝顶，雄蕊多数，各有 3～9 个花药，花粉无气囊；雌球花单生或成对生于叶腋或苞片腋部，具多数覆瓦状排列或交叉对生的苞片，顶部苞片发育为杯状、盘状或囊状的珠托，内有胚珠 1 枚。种子坚果状或核果状，部分或全部包裹于肉质假种皮中。

该科在我国有 4 属 11 种。

【代表性药用植物】

红豆杉 *Taxus wallichiana* var. *chinensis*（Pilg.）Florin 红豆杉为常绿乔木，树皮裂成条片脱落。叶排列成两列，条形，微弯或较直，叶端具微凸尖头，叶背有 2 条宽黄绿色或灰绿色气孔带，中脉带上密生均匀而微小的圆形角质乳头状突起，常与气孔带同色。雌雄异株，雄球花单生于叶腋，雌球花的胚珠单生于花轴上部侧生短轴的顶端。种子生于杯状红色肉质的假种皮中，常呈卵形，上部渐窄，稀倒卵状，先端常具二钝棱脊，种脐近圆形或宽椭圆形（见图 15－3）。红豆杉为我国特有树种，生于海拔 1 000～1 500 米的石山杂木林中。茎皮中含紫杉醇，具有抗肿瘤作用。

图 15－3　红豆杉

榧 *Torreya grandis* Fort. 榧为常绿乔木，树皮不规则纵裂。叶条形，排成两列，通常直立，先端凸尖，上表面光绿色，无隆起的中脉，下表面淡绿色，有 2 条粉白色气孔带。雌雄异株，雄球花圆柱状，成对生于叶腋，雄蕊多数，各有 4 个花药。种子椭球形或卵形，被珠托发育的假种皮包被，成熟时假种皮淡紫褐色，肉质。榧为我国特有树种，常栽培。种子入药（榧子），具有杀虫消积、润肺止咳、润燥通便等功效。

5. 麻黄科 Ephedraceae

麻黄科植物为灌木、亚灌木或草本。小枝对生或轮生，具节，节间有多条细纵槽纹。叶退化成膜质，交叉对生或轮生于节上。球花单性异株。雄球花单生或数个丛生，由数对苞片组合而成，每片生一雄花，雄蕊 2～8 枚，每雄蕊具 2 个花药，花丝连合成 1～2 束，雄花外具膜质假花被；雌球花由多数苞片组成，仅顶端 1～3 片苞片生有雌花。胚珠 1 枚，胚珠外包围革质假花被，顶端有内珠被延伸而成的珠孔管。种子肉质或粉质。

该科仅 1 属，我国有 14 种。

【代表性药用植物】

草麻黄 *Ephedra sinica* Stapf　草麻黄为草本状小灌木，高 20～40 厘米。木质茎短，或呈匍匐状，小枝直伸或微曲。叶 2 裂，基部鞘状，裂片锐三角形，先端急尖。雄球花多呈复穗状，苞片通常 4 对；雌球花单生，在幼枝上顶生，在老枝上腋生，在成熟过程中基部常有梗抽出，使雌球花呈侧枝顶生状，卵圆形或矩圆状卵圆形，苞片 4 对，最顶端 1 对苞片各有 1 朵雌花，珠被（孔）管直立，成熟时苞片增厚成肉质，红色浆果状，内有种子 2 粒。草麻黄分布于我国东北、内蒙古、河北、山西、陕西等地，生于砂质干燥地带，常见于山坡、河床和干草原，有固沙作用。

同属植物**中麻黄 *E. intermedia* Schrenk et C. A. Mey.** 为直立小灌木，高 1 米以上，节间长 3～6 厘米，叶裂片通常 3 片；雌球花珠被管长达 3 毫米，常呈螺旋状弯曲，种子通常 3 枚。**木贼麻黄 *E. equisetina* Bge.** 为直立小灌木，高达 1 米；节间细而较短，长 1.0～3.5 厘米；雌球花常 2 朵对生于节上，珠被管弯曲；种子通常 1 枚。

上述 3 种植物的草质茎入药（麻黄）具有发汗散寒、宣肺平喘、利水消肿的功效；草麻黄、中麻黄的根和根状茎入药（麻黄根）则具有固表止汗的功效。

任务实施

一、任务准备

1. 实训材料

准备一些常见的药用裸子植物的新鲜或腊叶标本，如马尾松（或油松）带球花的枝条及球果，侧柏带球花的枝条及球果，草麻黄带雄球花及雌球花的枝条，以及银杏、金钱松、红豆杉、中麻黄、木贼麻黄等。

2. 实训器材

光学显微镜、解剖镜（或放大镜）、解剖器材、吸水纸等。

二、识别常见的药用裸子植物

观察并列表记录常见的药用裸子植物如银杏、金钱松、红豆杉、中麻黄和木贼麻黄的形态特征与入药部位。

三、任务测评

按表 15－1 进行任务测评，并做好记录。

表 15－1　　任务评分标准

序号	考核内容	考核标准	配分	得分
1	裸子植物类群的特征	能准确描述裸子植物类群的特征	40	
2	裸子植物常见科及代表性药用植物特征	能准确列举裸子植物常见科及代表性药用植物特征	30	
3	识别常见的药用裸子植物	能准确描述常见药用裸子植物的药用部位及药用价值	30	
合计			100	

思考与练习

该如何识别松科、柏科、麻黄科植物？其各有哪些代表物种？

任务十六　识别药用被子植物

学习目标

1. 了解被子植物常见科的分布及药用成分，熟悉常见药用被子植物的特征和入药部位，掌握被子植物类群的主要特征、常见科的突出特征及代表性药用植物。

2. 通过观察，能识别常见的药用被子植物。

任务引入

被子植物是植物界中最进化、种类最多、分布最广和最繁盛的一大类群。早在中生代侏罗纪以前，被子植物就已出现，自新生代以来在地球上占据着绝对优势。目前已知的被子植物有 1 万余属，约 25 万种，占植物界总数的一半以上。我国有 2 700 多属，3 万余种。被子植物种类的丰富程度与其结构的复杂性和完善性是分不开的，特别是繁殖器官结构和生理过程的高度进化，这些特征为其适应各种环境以及物种竞争提供了坚实基础。

相关知识

一、被子植物的进化特征

以下列举的被子植物的进化特征是与裸子植物相比较得出的，至于能产生种子、精子通过花粉管传送、具有胚乳等种子植物共有的特征，此处不再赘述。

1. 具有真正的花

典型被子植物的花由花萼、花冠、雄蕊群和雌蕊群 4 部分组成，因此被子植物又称有花植物或雌蕊植物。

被子植物花的各部分在形态和数量上有极其多样的变化，这些变化使大自然更加丰富多彩，同时也使得它们更能适应虫媒、风媒、鸟媒或水媒等各种传粉方式。

2. 具有雌蕊

雌蕊由心皮发育而来，由子房、花柱和柱头 3 部分组成。绝大多数被子植物的心皮已经完全闭合，胚珠包藏在其形成的子房中，避免了昆虫的咬噬和水分的丧失，这也使得被子植物适应环境的能力更强。子房在受精后发育为果实。果实在形状、颜色、气味、开裂方式以及果皮附属物等方面类型多样，使其更能保护种子、帮助种子散布，进一步提升了被子植物的繁衍能力。

3. 具有双受精现象

在被子植物受精过程中，一个精子与卵细胞结合形成合子（受精卵），另一个精子与两个极核结合，发育成三倍体的胚乳，这种具有双亲特性的胚乳更能为幼胚的发育提供营养，使其有更强的生命力来适应外界环境。

4. 孢子体进一步发达和分化

被子植物的孢子体在生活史中占绝对优势，从形态、结构和生活型等方面都比其他类群更加完善、多样。在形态方面，被子植物的分枝方式、器官形态极为丰富。在解剖结构方面，被子植物输导组织的木质部出现了导管，韧皮部出现了筛管和伴胞，提高了植物体内水分和营养物质的运输效率。在生活型方面，被子植物既有水生、砂生、石生和盐碱地生的植物，也有自养植物以及附生、腐生和寄生的植物；既有乔木、灌木、藤本植物，也有一年生、二年生和多年生的草本植物。

5. 配子体进一步退化（简化）

被子植物的配子体在结构上比裸子植物更简化，均无独立生活能力，终生寄生在孢子体上。雄配子体只有 2 个细胞：管细胞和生殖细胞。雌配子体（胚囊）通常只有 8 个细胞：3 个反足细胞、2 个极核细胞（或 1 个中央细胞）、2 个助细胞、1 个卵细胞。

二、被子植物的分类原则和演化规律

被子植物的分类依据主要为其形态学特征，尤其是花、果实的形态特征。随着近代科学技术的发展，植物解剖学、细胞学、分子生物学及植物化学等多学科的研究成果也逐渐被应用。在分类过程中，不仅要将20多万种植物安置在纲、目、科、属、种的位置上，还要建立起一个能反映它们之间亲缘关系的分类系统。但在进化历程中，很多类群是同时兴起的，难以根据化石的年龄推断其进化程度，并且作为繁殖器官的花的化石难以找到，这为完善整个进化系统带来了困难。然而，人们还是根据现有资料进行了分类，尽可能反映出它们之间的起源与演化关系。

现有被子植物的化石显示，最早出现的被子植物多为常绿木本植物，随后地球上经历了干燥、冰川等多次气候剧变，出现了一些落叶植物、草本植物类群，由此可以推断落叶、草本、叶形多样化、输导功能进一步完善等是被子植物在演化过程中形成的次生进化性状。

基于上述认识，一般公认的被子植物形态构造的分类原则和演化规律如表16-1所示。

表16-1　　被子植物的分类原则和演化规律

	初生的、原始的性状	次生的、进化的性状
茎	1. 木本 2. 直立 3. 无导管，只有管胞 4. 具环纹、螺纹导管	1. 草本 2. 缠绕 3. 有导管 4. 具网纹、孔纹导管
叶	5. 常绿 6. 单叶全缘 7. 互生（螺旋状排列）	5. 落叶 6. 叶形复杂化 7. 对生或轮生
花	8. 花单生 9. 有限花序 10. 两性花 11. 雌雄同株 12. 各部分呈螺旋状排列 13. 各部分多数而不固定 14. 花被同形，不分化为萼片和花瓣 15. 各部分离生（离瓣花、离生雄蕊、离生心皮） 16. 整齐花 17. 子房上位 18. 花粉粒具单沟 19. 胚珠多数 20. 边缘胎座、中轴胎座	8. 花形成多花的花序 9. 无限花序 10. 单性花 11. 雌雄异株 12. 各部分呈轮状排列 13. 各部分数目不多，有定数（3、4或5） 14. 花被分化为萼片和花瓣，或退化为单被或无被花 15. 各部分合生（合瓣花、各种形式结合的雄蕊、合生心皮） 16. 不整齐花 17. 子房下位 18. 花粉粒具3沟或多孔 19. 胚珠少数 20. 侧膜胎座、特立中央胎座及基生胎座
果实	21. 单果、聚合果 22. 真果	21. 聚花果 22. 假果
种子	23. 有胚乳 24. 胚小，直伸，子叶2枚	23. 无胚乳，种子萌发所需的营养物质贮藏在子叶中 24. 胚弯曲或卷曲，子叶1枚
生活型	25. 多年生 26. 绿色自养植物	25. 一年生 26. 寄生、腐生植物

根据这些原则判断某个分类群或某一植物的系统位置时，不能孤立、片面地依据其中一两个性状就下原始或进化的结论，对性状进行全面综合分析之后才能得出相对准确的结论。这是因为同一性状在不同植物中的进化意义不是绝对的，如两性花、胚珠多数、胚小在一般

植物中是原始性状，而在兰科植物中，却是它进化的标志。且同一植物体各器官的进化不是同步的，如唇形科植物花冠合瓣，两侧对称，雄蕊 2～4 枚，适于昆虫传粉，这是与昆虫协同进化的结果，但是子房上位又是较原始的性状。

三、被子植物的主要分类系统

19 世纪后半期以来，许多植物学工作者根据各自的系统发育理论，提出了许多不同的被子植物分类系统，但由于植物化石证据不足、植物进化理论不完善，到目前为止，还没有一个比较完美的分类系统，当前较为流行的有以下几个系统：

1. 恩格勒系统

恩格勒系统由德国植物学家恩格勒和普兰特尔在 1897 年发表的巨著《植物自然分科志》中提出，这是植物分类学史上第一个比较完整的自然分类系统。但随着植物形态学、解剖学及古植物学等学科的发展，其中一些观点也在不断变化。恩格勒系统经过多次修订后，目前将植物界分为 16 门，被子植物独立为被子植物门，包括 2 纲 62 目 344 科。其中，2 纲为单子叶植物纲和双子叶植物纲。该系统认为单子叶植物比双子叶植物进化，而把单子叶植物放在双子叶植物之后；将葇荑花序类植物作为被子植物的原始类群；把双子叶植物分为古生花被亚纲（离瓣花类）和后生花被亚纲（合瓣花类）。

迄今为止，世界上除英、法以外，大部分国家都采用该系统。我国的《中国植物志》、多数地方植物志和大多数的植物标本馆（室）即采用恩格勒系统。本教材中被子植物科的概念与《中国植物志》相同，种的名称与《中国药典》（2025 年版）相同。

2. 哈钦松系统

哈钦松系统由英国植物学家哈钦松于 1926 年和 1934 年先后出版的两卷《有花植物科志》中提出，1959 年和 1973 年作了两次修订，从原来的 105 目 332 科增加到 111 目 411 科。

哈钦松系统认为双子叶植物以木兰目和毛茛目为原始类型，从木兰目演化出一支木本植物，从毛茛目演化出一支草本植物，这两支是平行发展的；无被花和单被花是后来演化过程中退化而成的。单子叶植物起源于双子叶植物的毛茛目，按照花被特征分成萼花群、冠花群和颖花群 3 个类群，各代表 3 条演化路线。

该系统和恩格勒系统相比有了很大进步，主要表现在把多心皮类作为演化的起点，在很多方面阐明了被子植物的演化关系。但这个系统过分强调木本和草本两个来源，使亲缘关系很近的一些科被远远地分开，如草本的伞形科和木本的山茱萸科、五加科等等。我国南方有些省区的标本室和植物志采用了哈钦松系统，后来的塔赫他间系统和克朗奎斯特系统都是在此基础上发展起来的。

3. 塔赫他间系统

塔赫他间系统是苏联植物学家塔赫他间于 1954 年在《被子植物起源》一书中公布的。该系统认为被子植物起源于种子蕨；草本植物是由木本植物演化而来；木兰目是最原始的被子植物，由木兰目发展出毛茛目和睡莲目；单子叶植物由双子叶植物的睡莲目演化而来。他打破了传统的把双子叶植物纲分为离瓣花亚纲和合瓣花亚纲的分类，在分类等级上增设了“超目”一级分类单元。

4. 克朗奎斯特系统

克朗奎斯特系统是由美国学者克朗奎斯特于1981年正式提出的。这一系统在他的著作《有花植物的分类和演化》中进行了详细阐述，成为20世纪后期广泛使用的被子植物分类系统之一。他把被子植物分为双子叶植物纲（木兰纲）和单子叶植物纲（百合纲），前者包括6亚纲64目318科，后者包括5亚纲19目65科，合计11亚纲83目383科。

克朗奎斯特系统和塔赫他间系统相似，但是个别分类单位的安排上仍然有较大差异。另外，该系统简化了塔赫他间系统，取消了“超目”一级分类单元，科的数目也有所压缩。

5. APG系统

APG系统是被子植物系统发育研究组（Angiosperm Phylogeny Group）以分支分类学和分子系统学为研究方法建立的被子植物新分类系统。APG系统打破了被子植物先分为单子叶植物和双子叶植物两大类的传统思路，系统排列主要分为11大类：木兰类、单子叶、鸭跖草类、真双子叶、核心真双子叶、蔷薇类、豆类、锦葵类、菊类、唇形类和桔梗类。大类下分目和科。

四、被子植物的分类

被子植物分为两个纲，即双子叶植物纲和单子叶植物纲，它们的主要区别见表16-2。但因被子植物种类繁多，两个纲的区别并不是绝对的，极少数种类也有交错现象，如双子叶植物纲的毛茛科、菊科等也有须根系植物。

表16-2　双子叶植物纲和单子叶植物纲的主要区别

器官	双子叶植物纲	单子叶植物纲
根	直根系	须根系
茎	维管束呈环状排列，具形成层	维管束散生，无形成层
叶	具网状脉序	具平行脉序
花	通常为5或4基数，花粉粒具3个萌发孔	3基数，花粉粒具单个萌发孔
子叶	2枚	1枚

双子叶植物纲分为原始花被亚纲（离瓣花亚纲）和后生花被亚纲（合瓣花亚纲）。原始花被亚纲花无被、单被或重被，花瓣通常分离，胚珠具1层珠被，是被子植物中比较原始的类群。该亚纲中较为重要的科有桑科、蓼科、毛茛科、木兰科、樟科、十字花科、杜仲科、蔷薇科、豆科、芸香科、五加科和伞形科等。后生花被亚纲花瓣不同程度地连合成合瓣花冠，花冠形成各种形状，如漏斗状、钟状、唇形、管状、舌状等，增强了对虫媒传粉的适应和对雌、雄蕊的保护，是被子植物中较进化的类群。该亚纲中较为重要的科有马鞭草科、唇形科、茄科、玄参科、忍冬科、葫芦科、桔梗科和菊科等。

单子叶植物纲中较为重要的科有禾本科、天南星科、百合科、姜科和兰科。

1. 桑科 Moraceae

【特征】桑科植物主要为木本或藤本，稀为草本。常具乳汁。单叶互生，稀对生，托叶早落。花小，单性（雌雄同株或异株），集成葇荑、穗状、头状、隐头等花序，花序腋生；单被花，花被片常2～4枚；雄蕊常与花被片同数而对生；雌蕊由2枚心皮合生，子房上位，1室，1枚胚珠。聚花果。

【分布】桑科约有43属1 400种，多分布于热带和亚热带地区。我国约有9属144种。

【药用成分】黄酮类的桑色素、桑黄酮、桑皮酮等为桑科植物的特有成分；除此之外，还含有强心苷、生物碱、皂苷和酚类等活性成分。

【代表性药用植物】

桑 *Morus alba* L.　桑为落叶乔木，雌雄异株，树皮灰色，具不规则浅纵裂痕。叶卵形或广卵形，背面沿脉有疏毛，脉腋有簇毛。葇荑花序；雄花萼片4枚，雄蕊4枚；雌花萼片4枚，无花柱，柱头2裂，内面有乳头状突起。聚花果短，成熟时呈红色或暗紫色（见图16－1）。桑在全国均有分布，野生或栽培。桑的根皮、嫩枝、叶和果穗均可入药，且不同部位功效不同。如根皮入药（桑白皮）具有泻肺平喘、利水消肿之效，嫩枝入药（桑枝）则有祛风湿、利关节之效，叶入药（桑叶）有疏散风热、清肺润燥、清肝明目之效，果穗入药（桑椹）有滋阴补血、生津润燥之效。

图16－1　桑

大麻 *Cannabis sativa* L.　大麻为一年生直立草本，枝具纵沟槽，密生灰白色贴伏毛。叶掌状全裂，裂片呈披针形或线状披针形（见图16－2）。雄花序长达25厘米，花黄绿色，花被5枚，雄蕊5枚；雌花绿色，花被1枚，紧包子房。瘦果外被宿存黄褐色苞片。大麻在我国各地均有栽培或野生。成熟果实入药（火麻仁）具有润肠通便之效。

构树 *Broussonetia papyrifera*（L.）Vent.　构树为乔木，小枝密生柔毛，雌雄异株。雄花序为葇荑花序，花被4裂，雄蕊4枚；雌花序球形头状，花被管状。聚花果球形，成熟时呈橙红色（见图16－3）。构树产于我国南北各地。成熟果实入药（楮实子）具有补肾清肝、明目、利尿的功效。

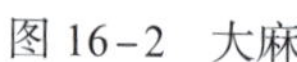
图 16-2　大麻

图 16-3　构树

除此之外，桑科药用植物还有**榕树** ***Ficus microcarpa*** **L. f**、**薜荔** ***Ficus pumila*** **L.**、**无花果** ***Ficus carica*** **L.**、**大果榕** ***Ficus auriculata*** **Lour.**、**异叶榕** ***Ficus heteromorpha*** **Hemsl.**、**地果** ***Ficus tikoua*** **Bur.**、**柘** ***Maclura tricuspidata*** **Carr.** 和**啤酒花** ***Humulus lupulus*** **L.** 等。

2. 蓼科 Polygonaceae

【特征】蓼科植物为草本，稀灌木或小乔木，茎节常膨大。单叶，全缘，多互生，有膜质托叶鞘。花小，两性，稀单性，辐射对称，集成穗状、总状、头状或圆锥状花序；花单被，花被片3～6枚，宿存；雄蕊6～9枚，稀为3枚或更多；雌蕊由3（稀2或4）枚心皮合生而成，子房上位，1室，1枚胚珠。瘦果呈卵形或椭圆形，具3棱或双凸镜状。种子胚乳丰富。

【分布】蓼科约有50属1 120种，广泛分布于全球，主产于北温带地区，少数分布于热带地区。我国有13属（其中2属为我国特有），238种（其中65种为我国特有），分布于全国各地。蓼科植物重要的属有大黄属、蓼属和酸模属等。

【药用成分】蓼科植物主要含有蒽醌类、黄酮类、鞣质类、芪类及吲哚苷类化合物。蒽醌在该科植物中广泛分布，仅大黄属植物就含有近10种此类化合物，如大黄素、大黄酚、大黄酸等，其中大黄酸所成的苷具有明显泻下作用。该科植物的茎和叶中含有多种黄酮类化合物，是黄酮类化合物的重要资源植物，常见有芦丁、萹蓄苷、槲皮苷等。鞣质亦在该科植物中普遍存在，具有收敛、止血、抗菌等作用。芪类化合物具有降血脂活性，如大黄属和蓼属植物中的土大黄苷，虎杖中的白藜芦醇。吲哚苷中的靛苷存在于蓼属植物中，如杠板归、蓼蓝，靛苷水解产生的靛蓝为中药青黛的主要成分。

【代表性药用植物】

药用大黄 ***Rheum officinale*** **Baill.**　药用大黄为高大草本，高1.5～2.0米。基生叶大型，掌状浅裂，茎生叶向上逐渐变小（见图16-4）。圆锥花序大型，绿色至黄白色。果枝开展。药用大黄主产于陕西、四川、湖北、贵州、云南等省及河南西南部与湖北交界处。

掌叶大黄 ***Rheum palmatum*** **L.**　掌叶大黄与药用大黄基本相似，不同点为花较小，呈紫红色，果枝聚拢。主产于甘肃、四川、青海、云南西北部及西藏东部等地。

唐古特大黄（鸡爪大黄）***Rheum tanguticum* Maxim. ex Balf.** 唐古特大黄与药用大黄和掌叶大黄的不同点为基生叶掌状5深裂（见图16-5）。主产于甘肃、青海及青海与西藏交界一带。

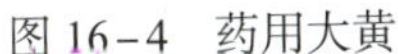

图16-4 药用大黄

图16-5 唐古特大黄（鸡爪大黄）

此三种植物的根及根状茎均作为中药大黄使用，具有泻下攻积、清热泻火、凉血解毒、逐瘀通经、利湿退黄的功效。

大黄属植物其他较重要的种类如**藏边大黄 *R. australe* D. Don**、**塔黄 *R. nobile* Hook. f. et Thoms.**、**天山大黄 *R. wittrockii* Lundstr.**、**河套大黄 *R. hotaoense* C. Y. Cheng et T. C. Kao** 等也在不同地区使用，但这些并非正品大黄，俗称土大黄或山大黄。

何首乌 *Polygonum multiflorum* Thunb. 何首乌为多年生草本植物。块根肥厚，呈长椭圆形，表面黑褐色。茎缠绕生长。叶卵形或长卵形，全缘（见图16-6）。圆锥花序顶生或腋生，分枝开展；花被5深裂，白色或淡绿色；雄蕊8枚；花柱3枚，极短，柱头呈头状。瘦果卵形，具3棱。何首乌在全国各地多有分布，生于山谷灌丛、山坡林下、沟边石隙等阴湿环境中。何首乌主要含蒽醌、芪类、磷脂类和多糖类化合物。其块根是重要的传统中药，分为生何首乌和制何首乌两种炮制品，功效不同。生何首乌具有解毒、消痈、截疟、润肠通便等功效，制何首乌（黑豆汁炮制）具有补肝肾、益精血、乌须发、强筋骨、化浊降脂等功效。其藤茎（首乌藤）具有养血安神、祛风通络等功效。

虎杖 *Polygonum, cuspidatum* Sieb. et Zucc. 虎杖为多年生草本植物。根状茎横走；茎直立，中空，表面散生红色或紫红斑点。叶互生，宽卵形或卵状椭圆形（见图16-7）。花单性，雌雄异株，花被5深裂，淡绿色；雄蕊8枚；雌花花柱3枚，柱头呈流苏状。瘦果具3棱。虎杖主产于陕西南部、甘肃南部、华东、华中、华南、四川、云南及贵州等地。根和根状茎入药（虎杖）具有利湿退黄、清热解毒、散瘀止痛、止咳化痰等功效。

图 16－6　何首乌

图 16－7　虎杖

萹蓄 ***Polygonum aviculare* L.**　萹蓄为一年生草本植物。茎匍匐或上升，多分枝。托叶鞘下部褐色，上部白色，撕裂脉明显。叶互生，狭椭圆形或披针形（见图 16－8）。花单生或数朵簇生于叶腋，花被 5 深裂，裂片绿色，边缘白色或淡红色。萹蓄广泛分布于我国各地。地上部分入药（萹蓄）具有利尿通淋、杀虫、止痒等功效。

图 16－8　萹蓄

红蓼 ***Polygonum orientale* L.**　红蓼为一年生草本植物。茎直立粗壮。茎、叶、托叶鞘、苞片等均密被柔毛。叶宽 5～12 厘米；托叶鞘筒状，顶端具草质、绿色的翅（见图 16－9）。除西藏外，红蓼广布于我国各地，野生或栽培。成熟果实入药（水红花子）具有散血消瘕、消积止痛、利水消肿等功效。

杠板归 ***Polygonum perfoliatum* L.**　杠板归为一年生草本植物。茎攀缘生长，表面具纵棱，沿棱具稀疏的倒生皮刺。叶三角形，长叶柄具倒生皮刺；托叶鞘叶状，圆形或近圆形，穿叶分布。总状花序短穗状，呈白色或淡红色，花被片在果实成熟时增大并呈肉质，深蓝色。瘦果球形（见图 16－10）。杠板归广布于我国各地。地上部分入药（杠板归）具有清热解毒、利水消肿、止咳等功效。

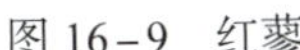

图 16-9　红蓼

图 16-10　杠板归

蓼科药用植物还有**金荞麦** ***Fagopyrum dibotrys*** **(D. Don) Hara**，其根状茎（金荞麦）入药有清热解毒、排脓祛瘀之效；**蓼蓝** ***Polygonum tinctorium*** **Ait.**，其叶（青黛或蓼大青叶）入药有清热解毒、凉血消斑、泻火定惊之效；**拳参** ***Polygonum bistorta*** **L.**，其根状茎（拳参）入药有清热解毒、消肿止血之效；以及**水蓼** ***Persicaria hydropiper*** **(L.) Spach**、**火炭母** ***Polygonum chinense*** **L.**、**酸模** ***Rumex acetosa*** **L.** 等。

3. 毛茛科 Ranunculaceae

【特征】毛茛科植物多为草本，稀灌木或木质藤本。叶通常互生或基生，少数对生；单叶或复叶，通常掌状分裂。花两性，稀单性，辐射对称，稀两侧对称，单生或排成聚伞花序或总状花序；萼片 3～6 枚或更多，有时呈花瓣状；花瓣 2 至多枚或缺，具蜜腺；雄蕊多数，螺旋状排列；心皮常多数，离生，稀 1 枚，在突起的花托上螺旋状排列或轮生，子房上位，胚珠 1 至多枚。果实为蓇葖果或瘦果，稀蒴果或浆果。种子小，具小胚和丰富的胚乳。

【分布】毛茛科约有 60 属 2 000 多种，广布世界各地，主要分布在北半球温带和寒温带地区。我国有 38 属，约 920 种，广泛分布于全国各地，大多分布于西南部山地。

【药用成分】毛茛科植物成分复杂，主要含有生物碱、毛茛苷、强心苷、三萜皂苷及氰苷等。生物碱主要为异喹啉类生物碱和二萜类生物碱，其中异喹啉类生物碱是毛茛科的特征成分，包括苄基异喹啉生物碱、双苄基异喹啉生物碱和二萜类生物碱等。苄基异喹啉生物碱主要存在于唐松草属和黄连属植物中，双苄基异喹啉生物碱在唐松草属植物中有分布。二萜类生物碱主要存在于乌头属和翠雀属植物中，如乌头碱、牛扁次碱，这类生物碱也是这些属的特征成分。毛茛苷仅见于毛茛科植物中。强心苷主要分布于侧金盏花属和铁筷子属植物中，但侧金盏花属所含强心苷为甲型强心苷，铁筷子属所含强心苷为乙型强心苷。三萜皂苷在毛茛属、金莲花属、银莲花属、铁线莲属及唐松草属植物中均有发现，如升麻醇、兴安醇等。氰苷主要分布于耧斗菜属、扁果草属和唐松草属植物中。

【代表性药用植物】

黄连 ***Coptis chinensis*** **Franch.** 黄连为多年生草本植物。根状茎呈黄色，常分枝，表面密生多数须根。叶基生，有长柄，3 全裂，中央全裂片具细柄，3 或 5 对羽状深裂，侧裂片比中央全裂片短（见图 16－11）。聚伞花序；萼片 5 枚，呈黄绿色，长椭圆状卵形；花瓣线状披针形；雄蕊多数；心皮 8～12 枚。果实为蓇葖果。黄连主产于安徽南部、福建、广西北部、广东北部、贵州、湖北、湖南、陕西南部、四川、浙江等地。

三角叶黄连 ***Coptis deltoidea*** **C. Y. Cheng et Hsiao** 特征与黄连相似，但其根状茎不分枝或少分枝，叶的一回裂片的深裂片间彼此邻接，雄蕊短，长度约为花瓣的一半。三角叶黄连特产于四川峨眉及洪雅一带。

云连（云南黄连）***Coptis teeta*** **Wall.** 与前两种植物相比，云连根状茎节间较密。叶全裂片的羽状深裂片彼此距离稀疏，相距最宽可达 1.5 厘米。花瓣呈匙形，顶端圆钝。云南黄连主产于我国云南西北部和西藏东南部。

以上 3 种黄连属植物的根状茎均作为中药黄连使用，分别习称“味连”“雅连”“云连”，有清热燥湿、泻火解毒等功效。

图 16－11 黄连

乌头 ***Aconitum carmichaelii*** **Debx.** 乌头为多年生草本植物。块根呈倒圆锥状。茎下部叶在花期枯萎，中部叶片薄革质或纸质，五角形。总状花序；萼片蓝紫色，外被短柔毛，上萼片高盔形；花瓣通常拳卷（见图 16－12）。果实为蓇葖果。乌头主产于我国云南东部、四川、湖北、贵州、湖南、广西北部、广东北部、江西、浙江、江苏、安徽、陕西南部、河南南部、山东东部、辽宁南部等地。母根（川乌）及其炮制加工品（制川乌）入药具有祛风除湿、温经止痛等功效，而子根入药（附子）则具回阳救逆、补火助阳、散寒止痛等功效。

乌头同属植物**北乌头** ***A. kusnezoffii*** **Reichb.**（见图 16－13）的块根（草乌）及其炮制加工品（制草乌）入药也具有祛风除湿、温经止痛等功效，而其叶入药（草乌叶）则具清热、解毒、止痛等功效。

图 16－12　乌头

图 16－13　北乌头

白头翁 ***Pulsatilla chinensis*** **(Bunge) Regel**　白头翁为多年生草本植物，全株密被白色长柔毛。叶基生。萼片呈紫色花瓣状，无花瓣（见图 16－14）。瘦果聚合成头状，羽毛状宿存花柱下垂，形似白发。白头翁产于我国四川、湖北北部、江苏、安徽、河南、甘肃南部、陕西、山西、山东、河北、内蒙古、辽宁、吉林、黑龙江等地。根入药（白头翁）具有清热解毒、凉血止痢等功效。

图 16－14　白头翁

升麻 ***Cimicifuga foetida*** **L.**　升麻为多年生草本植物。根状茎呈不规则长块状，表面黑色，有洞状茎痕。基生叶和茎下部叶为二至三回羽状复叶。圆锥花序，萼片白色，无花瓣（见图 16－15）。果实为蓇葖果。根状茎入药（升麻）具有发表透疹、清热解毒、升举阳气等功效。

升麻同属植物**大三叶升麻** ***C. heracleifolia*** **Kom.** 和**兴安升麻** ***C. dahurica*** **(Turcz.) Maxim.**（见图 16－16）的根状茎亦作为中药升麻使用。

图 16-15　升麻

图 16-16　兴安升麻

威灵仙 ***Clematis chinensis*** **Osbeck**（见图 16-17）、**棉团铁线莲** ***Clematis hexapetala*** **Pall.**（见图 16-18）及**东北铁线莲** ***Clematis manshurica*** **Rupr.** 的根和根状茎入药（威灵仙），有祛风湿、通经络等功效。

图 16-17　威灵仙

图 16-18　棉团铁线莲

威灵仙同属植物**小木通** ***C. armandii*** **Franch.**（见图 16－19）和**绣球藤** ***C. montana*** **Buch.-Ham.**（见图 16－20）的藤茎入药（川木通），有利尿通淋、清心除烦和通经下乳等功效。

图 16－19 木通

图 16－20 绣球藤

芍药 ***Paeonia lactiflora*** **Pall.**（见图 16－21）的根（白芍）入药具有养血调经、敛阴止汗、柔肝止痛和平抑肝阳等功效，**川赤芍** ***Paeonia veitchii*** **Lynch** 的根入药（赤芍）则有清热凉血和散瘀止痛等功效。

图 16－21 芍药

牡丹 ***Paeonia suffruticosa*** **Andr.**（见图 16-22）的根皮入药（牡丹皮）具有清热凉血和活血化瘀等功效。

图 16-22　牡丹

毛茛科药用植物还有**毛茛** ***Ranunculus japonicus*** **Thunb.**、**猫爪草** ***Ranunculus ternatus*** **Thunb.**、**金莲花** ***Trollius chinensis*** **Bunge**、**天葵** ***Semiaquilegia adoxoides*** **(DC.) Makino** 等。

4. 木兰科 Magnoliaceae

【特征】木兰科植物为木本。单叶互生，稀簇生或近轮生，叶全缘，稀浅裂，羽状脉；托叶早落，在节上留有环状托叶痕。花单生，两性，辐射对称；花被片 6 至多枚，分化不明显，通常呈花瓣状；雌雄蕊多枚，离生，常螺旋状排列于伸长的花托上，少数花托不伸长，轮状排列；子房上位。果实为聚合蓇葖果或聚合浆果。种子胚乳丰富。

【分布】木兰科共 18 属，约 300 种，主要分布于亚洲东南部和南部，北部较少；北美东南部、中美、南美北部及中部也有少量分布。我国有 14 属，约 100 种，主要分布于东南至西南部，向东北及西北部渐少。

【药用成分】木兰科植物含挥发油、异喹啉类生物碱、木脂素等活性成分。挥发油是木兰科植物的特征成分之一，可用以与毛茛科植物相区别。挥发油中主要含芳香族衍生物和倍半萜烯类化合物，如 β- 桉油醇、桉油素、大茴香脑等。异喹啉类生物碱是该科植物的又一特征成分，包括异喹啉类、苄基异喹啉类和双苄基异喹啉类。如木兰属植物中含木兰箭毒碱、木兰花碱等，鹅掌楸属植物中含鹅掌楸碱等。木脂素类化合物主要包括新木脂素、双环氧木脂素、单环氧木脂素等。此类成分在木兰属、八角属、木莲属、鹅掌楸属、五味子属等植物中均有存在。其中五味子属植物中的五味子素有很好的保肝降酶作用。

【代表性药用植物】

厚朴 ***Magnolia officinalis*** **Rehd. et Wils.**　厚朴为落叶乔木，叶大，革质，倒卵形，聚生于枝端（见图 16-23）。花大，白色，单生于枝顶，花被片 9～12（17）枚，厚肉质。聚合蓇葖果具长 3～4 毫米的喙，种子三角状倒卵形。厚朴主要分布于陕西南部、甘肃东南部、河南东南部、湖北西部、湖南西南部、四川中部及东部、贵州东北部。根皮、干皮和枝皮入药（厚朴）具有燥湿消痰、下气除螨等功效。

凹叶厚朴 ***Magnolia officinalis*** **Rehd. et Wils. var.** ***biloba*** **Rehd. et Wils.**　凹叶厚朴是厚朴的变种，也是中药厚朴的原植物。其与厚朴不同之处在于其叶先端凹缺，形成 2 个钝圆的浅裂片，但幼苗的叶先端不凹缺；聚合果基部较窄（见图 16-24）。凹叶厚朴主要分布于安徽、浙江西部、江西、福建、湖南南部、广东北部、广西北部和东北部。

图 16-23　厚朴

图 16-24　凹叶厚朴

望春花（望春玉兰）***Magnolia biondii*** **Pamp.**　望春花为落叶乔木，树皮淡灰色，光滑。叶长圆状披针形。花先于叶开放，花被片 9 枚，排成 3 轮：外轮 3 枚呈紫红色，近狭倒卵状条形；中、内两轮近匙形，白色。聚合果圆柱形；种子心形，外种皮鲜红色，内种皮深黑色（见图 16-25）。望春花分布于陕西、甘肃、河南、湖北、四川等省。花蕾入药（辛夷）具有散风寒、通鼻窍等功效。

同属植物**玉兰** ***M. denudata*** **Desr.**（见图 16-26）和**武当玉兰** ***M. sprengeri*** **Pamp.** 也同作中药辛夷使用。

图 16-25　望春花（望春玉兰）

图 16-26　玉兰

五味子 ***Schisandra chinensis*** **(Turcz.) Baill.** 五味子为落叶木质藤本，幼枝红褐色，老枝灰褐色。叶膜质，先端急尖，基部楔形。花单性，雌雄异株；雄花花被片粉白色或粉红色，长圆形或椭圆状长圆形，雄蕊 5（6）枚；雌花花被片和雄花相似，心皮 17～40 枚，柱头鸡冠状。聚合浆果排成穗状，成熟时呈红色（见图 16-27）。五味子分布于黑龙江、吉林、辽宁、内蒙古、河北、山西、宁夏、甘肃、山东等地。成熟果实入药（五味子，习称“北五味子”）具有收敛固涩、益气生津、补肾宁心等功效。

同属植物**华中五味子** ***S. sphenanthera*** **Rehd. et Wils.**（见图 16-28）的成熟果实入药（南五味子）功效与五味子相同。

图 16-27 五味子

图 16-28 华中五味子

八角茴香 ***Illicium verum*** **Hook. f.** 八角茴香为乔木。叶革质或厚革质，在阳光下可见密布透明油点。花粉红色至深红色，花被片 7～12 枚。聚合果由 8 个蓇葖果组成，先端钝或钝尖（见图 16-29）。八角茴香分布于福建、台湾、广东、广西、云南、贵州等省（自治区）。成熟果实入药（八角茴香）具有温阳散寒、理气止痛等功效。

同属植物**地枫皮** ***I. difengpi*** **K. I. B. et K. I. M.**（见图 16-30）的树皮入药（地枫皮）具有祛风除湿、行气止痛等功效。

图 16-29 八角茴香

图 16-30 地枫皮

木兰科药用植物还有**木莲** ***Manglietia fordiana*** **Oliv.**，其果实入药（木莲果）具有通便止咳的功效；**内南五味子** ***Kadsura interior*** **A. C. Smith**，其藤茎入药（滇鸡血藤）具有活血补血、调经止痛、舒筋通络的功效；以及**黑老虎** ***Kadsura coccinea*** **(Lem.) A. C. Smith**、**异形南五味子** ***Kadsura heteroclita*** **(Roxb.) Craib**、**冷饭藤** ***Kadsura oblongifolia*** **Merr.**、**大花五味子** ***Schisandra grandiflora*** **(Wall.) Hook. f. et Thoms.**、**翼梗五味子** ***Schisandra henryi*** **Clarke**、**紫玉兰** ***Yulania liliflora*** **(Desr.) D. L. Fu** 等。

5. 樟科 Lauraceae

【特征】樟科植物多为木本，仅无根藤属植物为缠绕性寄生草本。植物体多具油细胞，有香气。单叶常互生，稀对生或轮生，常革质，稀膜质或坚纸质，全缘，极少有分裂，羽状脉、三出脉或离基三出脉。花小，两性或由于败育而成单性，辐射对称；单被花，常为 3 基数；花被裂片 6 或 4 枚，呈 2 轮排列；雄蕊 4 轮，外面两轮花药药室内向，第 3 轮花药药室外向，第 4 轮（最内一轮）败育并退化为退化雄蕊；子房上位，由 3 枚心皮合生。果实为浆果或核果，较小，常由宿存花被包围基部。种子无胚乳。

【分布】樟科约有 45 属，共 2 000～2 500 种，主要分布于热带及亚热带地区。我国有 20 余属，440 余种，主要分布于长江以南各省区，少数种类分布较北。

【药用成分】樟科植物普遍含有挥发油和生物碱，另外还含有倍半萜、黄酮、木脂素等。其中，挥发油主要以樟属、山胡椒属和木姜子属植物最为丰富和集中，常见成分有樟脑、桂皮醛和桉叶素等。生物碱主要为异喹啉类生物碱。

【代表性药用植物】

肉桂 ***Cinnamomum cassia*** **Presl**　肉桂为常绿乔木，全株有香气，树皮灰褐色，幼枝略呈四棱形。叶互生或近对生，革质，边缘软骨质，内卷，具离基三出脉。圆锥花序腋生或近顶生，花白色，被黄褐色短绒毛。果实椭圆形，成熟时呈黑紫色（见图 16-31）。肉桂分布于华南、西南地区。树皮入药（肉桂）具有补火助阳、引火归元、散寒止痛、温经通脉等功效，嫩枝（桂枝）则有发汗解肌、温通经脉、助阳化气、平冲降气等功效。

图 16-31　肉桂

樟 ***Cinnamomum camphora*** **(L.) Presl** 樟为常绿乔木，枝、叶及木材均具樟脑气味，树皮黄褐色，具不规则的纵裂。叶互生，卵状椭圆形，全缘，软骨质，具离基三出脉。圆锥花序腋生，花绿白或带黄色，花被筒倒锥形；能育雄蕊 9 枚，退化雄蕊 3 枚，位于最内轮。核果球形，成熟时呈紫黑色（见图 16-32）。樟主要分布于南方及西南地区，广为栽培。新鲜枝、叶可提取加工制成天然冰片（右旋龙脑），入药具有开窍醒神、清热止痛等功效。提取的樟脑和樟脑油则有开窍辟浊、杀虫止痛等功效，也可用作中枢兴奋剂。

图 16-32　樟

乌药 ***Lindera aggregata*** **(Sims) Kosterm.** 乌药为常绿灌木或小乔木，根膨大呈纺锤形或结节状。叶互生，革质，幼时背面密被褐色柔毛，后脱落，具三出脉。雌雄异株，花较小，黄绿色，集成伞形花序，腋生。球形核果黑色（见图 16-33）。乌药分布于我国江西、浙江、福建、台湾、广东、广西等省（自治区）。其块根入药（乌药）具有行气止痛、温肾散寒等功效。

图 16-33　乌药

山鸡椒 ***Litsea cubeba*** **(Lour.) Pers.**　山鸡椒的叶披针形。雌雄异株，伞形花序（见图 16－34）。分布于长江以南各地。成熟果实入药（荜澄茄）具有温中散寒、行气止痛等功效。

图 16－34　山鸡椒

樟科药用植物还有**山胡椒** ***Lindera glauca*** **(Sieb. et Zucc.) Bl.**、**阴香** ***Cinnamomum burmanni*** **(Nees & T. Nees) Bl.** 等。

6. 十字花科 Brassicaceae

【特征】十字花科植物多为草本，植物体有时含辛辣液汁。叶有二型：基生叶呈旋叠状或莲座状；茎生叶常互生，单叶，基部有时抱茎或半抱茎。花两性，辐射对称，常集成总状花序；萼片 4 枚，分离，排成 2 轮；花瓣 4 枚，分离，呈十字形排列，基部有时具爪；四强雄蕊（雄蕊 6 枚，4 长 2 短），花丝基部常具蜜腺；雌蕊由 2 枚心皮合生而成，子房上位，侧膜胎座，中央具次生假隔膜，把子房分为 2 室，每室胚珠 1 至多枚。果实为长角果或短角果。种子一般较小，无胚乳。

【分布】十字花科在全世界有 300 属以上，约 3 500 种。我国有 102 属，412 种，全国各地均有分布。

【药用成分】十字花科植物化学成分多样，其中硫苷（包括含硫化合物）和吲哚苷是该科的特征成分。此外，强心苷和氰苷在少数属中也有分布。强心苷在糖芥属、桂竹香属及棱果芥属植物中存在，独行菜属植物则含有氰苷。

【代表性药用植物】

菘蓝 ***Isatis indigotica*** **Fort.**　菘蓝为两年生草本，直立，植株表面带白粉霜。主根长圆柱形。基生叶莲座状，长圆形至宽倒披针形，具柄；茎生叶长圆状披针形，蓝绿色。圆锥花序，花小，黄色。短角果长圆形，边缘有翅（见图 16－35）。我国各地均有栽培。根入药（板蓝根）具有清热解毒、凉血利咽等功效，叶入药（大青叶）则有清热解毒、凉血消斑等功效。

菘蓝叶也能加工制成青黛，功效与大青叶相同。

白芥 ***Sinapis alba*** **L.** 白芥为一年生草本。茎基部叶大头羽裂，上部叶卵形或长圆卵形。总状花序，花淡黄色。长角果近圆柱形，具硬毛。全国各地均有栽培。成熟种子入药（芥子）具有温肺豁痰利气、散结通络止痛等功效，习称“白芥子”。**芥** ***Brassica juncea*** **(L.) Czern. et Coss.** 的成熟种子也作中药芥子用，习称“黄芥子”。

荠 ***Capsella bursa-pastoris*** **(L.) Medik.** 荠为一年生或二年生草本。基生叶大，丛生，具长柄，大头羽裂，边缘具锯齿或缺刻；茎生叶基部抱茎，呈狭披针形，边缘具锯齿或缺刻。总状花序顶生或腋生，组成圆锥状；花白色。短角果呈倒三角形或倒心形，扁平，先端微凹，有极短的宿存花柱。种子2行，呈长椭球形，淡褐色（见图16-36）。分布于我国各地。全草入药，有利尿、止血、清热、明目、消积的功效。

图16-35 菘蓝

图16-36 荠

独行菜 ***Lepidium apetalum*** **Willd.** 独行菜的基生叶呈窄匙形，茎生叶呈线形。总状花序，无花瓣，雄蕊2或4枚。果实为短角果，圆扇形（见图16-37）。分布于我国各地。成熟种子入药（葶苈子）具有泻肺平喘、行水消肿等功效，习称“北葶苈子”。**播娘蒿** ***Descurainia sophia*** **(L.) Webb. ex Prantl.**（见图16-38）的成熟种子也作为中药葶苈子使用，习称“南葶苈子”。

萝卜 ***Raphanus sativus*** **L.** 萝卜（见图16-39）的花通常呈淡紫色或白色。长角果串球状，不开裂，先端具有长喙。其种子入药（莱菔子）具有消食除胀、降气化痰等功效。

菥蓂 ***Thlaspi arvense*** **L.** 菥蓂（见图16-40）的地上部分入药（菥蓂），具有清肝明目、和中利湿、解毒消肿等功效。

油菜（芸苔）***Brassica campestris*** **Linn.** 油菜（见图16-41）的花粉制成的普乐安片或普乐安胶囊，具有补肾固本的功效。

图 16-37　独行菜

图 16-38　播娘蒿

图 16-39　萝卜

图 16-40　菥蓂

图 16-41　油菜（芸苔）

十字花科药用植物还有**诸葛菜** ***Orychophragmus violaceus*** **(L.) O. E. Schulz**、**沙芥** ***Pugionium cornutum*** **(L.) Gaertn.**、**大叶碎米荠** ***Cardamine macrophylla*** **Willd.**、**白花碎米荠** ***Cardamine leucantha*** **(Tausch) O. E. Schulz**、**水田碎米荠** ***Cardamine lyrata*** **Bunge**、**碎米荠** ***Cardamine hirsuta*** **L.**、**弯曲碎米荠** ***Cardamine flexuosa*** **With.**、**蔊菜** ***Rorippa indica*** **(L.) Hiern**、**无瓣蔊菜** ***Rorippa dubia*** **(Pers.) Hara**、**风花菜** ***Rorippa globosa*** **(Turcz. ex Fisch. & C. A. Mey.) Hayek**、**沼生蔊菜** ***Rorippa palustris*** **(L.) Besser**、**豆瓣菜** ***Nasturtium officinale*** **R. Br.** 等。

7. 杜仲科 Eucommiaceae

【特征】杜仲科植物为落叶乔木，枝、叶折断时有银白色胶丝。单叶互生，叶片椭圆形或椭圆状卵形，具羽状脉，边缘具锯齿。花单性异株，无花被，先叶开放或与新叶同时从鳞芽中长出；雄花簇生，具小苞片，雄蕊 5～10 枚，花丝极短，花药 4 室；雌花具苞片，子房由 2 枚心皮合生，1 室，2 枚胚珠。翅果先端 2 裂，内含种子 1 粒，种子胚乳丰富。

【分布】杜仲科仅有 1 属 1 种，为我国特有植物，分布于华中、华西、西南及西北各地，各地多有栽培。

【药用成分】杜仲中含杜仲胶和环烯醚萜类化合物等成分。

【代表性药用植物】

杜仲 ***Eucommia ulmoides*** **Oliv.** 杜仲的形态见图 16－42。其特征及分布与科相同。树皮入药（杜仲）具有补肝肾、强筋骨、安胎等功效，叶入药（杜仲叶）亦有补肝肾、强筋骨的功效。

图 16－42　杜仲

8. 蔷薇科 Rosaceae

【特征】蔷薇科植物为草本、灌木或乔木。单叶或复叶，多互生，稀对生，常具托叶。花两性，辐射对称，花轴上端发育成碟状、杯状、坛状或壶状的花托；花萼、花瓣和雄蕊均着生于花托的边缘，形成周位花或上位花；花萼裂片 5 枚，花瓣 5 枚，分离；雄蕊常多数；子房上位或下位，心皮 1 至多枚，分离或合生。果实为蓇葖果、瘦果、梨果或核果，稀为蒴果。

种子无胚乳。

【分布】蔷薇科有 120 余属，3 300 余种。我国约有 55 属，900 余种，在全国广泛分布。

【药用成分】蔷薇科植物含有氰苷、多元酚、黄酮及有机酸等化合物，但很少含生物碱。氰苷在该科木本植物中多有分布，是镇咳祛痰的有效成分，如苦杏仁苷存在于枇杷属、樱属、梨属等植物中。多元酚如鹤草酚分布于龙芽草属植物中，有驱绦虫作用。黄酮类化合物在山楂属植物中研究较多，如槲皮素、金丝桃苷等，具有抗血栓、保护心脑血管等功效。有机酸大量、广泛分布于许多属的植物中，如枸橼酸、苹果酸、琥珀酸等。

根据果实和花的构造，该科分为以下四个亚科：绣线菊亚科 Spiraeoideae、蔷薇亚科 Rosoideae、苹果亚科 Maloideae 和李亚科 Prunoideae。它们之间的主要区别见下列检索表：

蔷薇科四亚科检索表

1. 果实为开裂蓇葖果，稀蒴果；常无托叶。……………………………………绣线菊亚科
1. 果实不开裂，具托叶。
　2. 子房下位或半下位，稀上位；梨果或浆果，稀小核果。…………………苹果亚科
　2. 子房上位，少数下位。
　　3. 心皮常多数，瘦果，萼宿存，多复叶。……………………………………蔷薇亚科
　　3. 心皮常为 1 枚，少数 2 或 5 枚；核果；萼常脱落；单叶。………………李亚科

【代表性药用植物】

（1）苹果亚科 Maloideae。苹果亚科植物为灌木或乔木。有托叶。心皮（1）2～5 枚，多数与杯状花托内壁连合；子房下位或半下位，稀上位，每室具胚珠 2 枚，稀 1 至多枚。果实为梨果或浆果，稀小核果。

山里红 *Crataegus pinnatifida* Bge. var. *major* N. E. Br.　山里红为落叶乔木。枝刺长 1～2 厘米，有时无刺。叶宽卵形或三角状卵形，稀菱状卵形，边缘具尖锐稀疏不规则重锯齿。伞房花序，花白色。果实近球形，直径可达 2.5 厘米，深亮红色，其上有浅色斑点，萼片脱落迟，先端留一圆形深洼（见图 16－43）。我国华北地区有栽培。果实入药（山楂）具有消食健胃、行气散瘀、化浊降脂等功效，叶入药（山楂叶）则有活血化瘀、理气通脉、化浊降脂等功效。

图 16－43　山里红

山楂 ***Crataegus pinnatifida*** **Bge.** 山楂多为野生，果实比山里红小，直径1.0～1.5厘米，深红色（见图16-44）。其入药部位及功效与山里红相同。

图16-44 山楂

贴梗海棠 ***Chaenomeles speciosa*** **(Sweet) Nakai** 贴梗海棠为落叶灌木，枝具刺。叶片卵形至椭圆形，稀长椭圆形，托叶大形，草质，肾形或半圆形。花先叶开放，3～5朵簇生。梨果球形或卵形，黄绿色，木质，干燥后表面皱缩（见图16-45）。我国各地常见栽培。近成熟果实入药（木瓜）具有舒筋活络、和胃化湿等功效。

图16-45 贴梗海棠

枇杷 ***Eriobotrya japonica*** **(Thunb.) Lindl.** 枇杷叶呈长圆形或倒卵形，革质，上面光亮，下面密生灰棕色绒毛。果实球形，黄色或橘黄色（见图16-46）。分布于我国长江以南地区，多为栽培。叶入药（枇杷叶）具有清肺止咳、降逆止呕等功效。

图 16-46　枇杷

（2）蔷薇亚科 Rosoideae。本亚科植物为灌木或草本。叶为复叶，稀单叶，具托叶。心皮常多数，离生，子房上位，稀下位；果实成熟时为瘦果，着生在膨大肉质的花托内或花托上。

龙芽草 *Agrimonia pilosa* Ledeb.　龙芽草为多年生草本。根多呈块茎状。茎被疏柔毛及短柔毛。叶为间断奇数羽状复叶，小叶大小不等，相间排列，小叶片无柄或有短柄（见图 16-47）。花黄色。果实为倒卵圆锥形瘦果，顶端有数层钩刺。我国各地均有分布。地上部分入药（仙鹤草）具有收敛止血、截疟、止痢、解毒、补虚等功效。

图 16-47　龙芽草

地榆 *Sanguisorba officinalis* L.　地榆为多年生草本植物，根粗壮，多呈纺锤形。基生叶为羽状复叶，茎生叶较少（见图 16-48）。圆柱形穗状花序顶生，长 1～3（4）厘米；萼片 4 枚，紫红色；无花瓣；雄蕊 4 枚。果实包藏在宿存萼筒内，外面有 4 棱。我国大部分地区有分布。根入药（地榆）具有凉血止血、解毒敛疮等功效。其变种**长叶地榆** ***S. officinalis* L. var. *longifolia*（Bert.）Yü et Li** 茎生叶较多；花穗长圆柱形，长2～6厘米。其根亦作为中药地榆使用，习称“绵地榆”。

图 16-48 地榆

金樱子 ***Rosa laevigata* Michx.** 金樱子为常绿攀缘灌木，小枝粗壮，散生扁弯皮刺。3小叶复叶，革质，光亮。花单生，白色。果实呈梨形，密布刺（见图 16-49）。分布于华中、华东及华南地区。成熟果实入药（金樱子）具有固精缩尿、固崩止带、涩肠止泻等功效。

图 16-49 金樱子

金樱子同属植物**月季** ***R. chinensis* Jacq.**（见图 16-50）的花入药（月季花）具有活血调经、疏肝解郁等功效，**玫瑰** ***R. rugosa* Thunb.**（见图 16-51）的花蕾入药（玫瑰花）具有行气解郁、和血、止痛等功效。

华东覆盆子（掌叶覆盆子）***Rubus chingii* Hu** 华东覆盆子为落叶灌木。单叶，掌状深裂。花白色。聚合果球形，红色，下垂（见图 16-52）。果实入药（覆盆子）具有益肾固精缩尿、养肝明目等功效。

图 16－50　月季

图 16－51　玫瑰

图 16－52　华东覆盆子（掌叶覆盆子）

翻白草 *Potentilla discolor* Bge.　翻白草植株形态见图 16－53。全草入药（翻白草）具有清热解毒、止痢、止血等功效。

图 16－53　翻白草

委陵菜 ***Potentilla chinensis* Ser.**　委陵菜植株形态见图 16－54。全草入药（委陵菜）具有清热解毒、凉血止痢等功效。

图 16－54　委陵菜

（3）李亚科 Prunoideae。李亚科植物为乔木或灌木。单叶，有托叶，叶基常有腺体。心皮 1 枚，稀 2～5 枚；子房上位，1 室，内含 2 枚悬垂胚珠；核果肉质，多不开裂，稀开裂。

杏 ***Prunus armeniaca* L.**　杏为落叶乔木。叶卵形至近圆形，先端短尖或渐尖。花单生，白色或带红色。果杏黄色，微生短柔毛或无毛（见图 16－55）。果核平滑，两侧扁。广泛分布于我国各地。成熟种子入药（苦杏仁）具有降气止咳平喘、润肠通便等功效。同属植物**山杏** ***P. armeniaca* L. var. *ansu* Maxim.**、**西伯利亚杏** ***P. sibirica* L.**、**东北杏** ***P. mandshurica*（Maxim.）Koehne** 的成熟种子亦作中药苦杏仁使用。

图 16－55　杏

桃 ***Prunus persica*（L.）Batsch**　桃为落叶乔木，叶披针形。花单生，先叶开放，花瓣粉红色，稀为白色。果皮密被短柔毛，核有凹纹（见图 16－56）。我国各地均有栽培。成熟种子入药（桃仁）具有活血祛瘀、润肠通便、止咳平喘等功效，枝条入药（桃枝）则有活血通络、解毒杀虫等功效。**山桃** ***Prunus davidiana*（Carr.）Franch.**（见图 16－57）的成熟种子亦作中药桃仁使用。

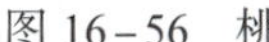
图 16-56　桃

图 16-57　山桃

郁李 *Prunus japonica* Thunb.　郁李为落叶灌木。叶片中部以下最宽，卵形或卵状披针形，先端渐尖至急尖，基部圆形（见图 16-58）。

欧李 *Prunus humilis* Bge.　欧李叶片中部以上最宽，倒卵状长圆形或倒卵状披针形，先端急尖或短渐尖（见图 16-59）。

郁李与欧李的成熟种子入药（郁李仁，习称“小李仁”）具有润肠通便、下气利水等功效。**长柄扁桃 *Prunus pedunculata* Maxim.** 的种子也作中药郁李仁使用，习称“大李仁”。

图 16-58　郁李

图 16-59　欧李

梅 *Prunus mume*（Sieb.）Sieb. et Zucc.（见图 16-60）　梅的近成熟果实入药（乌梅）具有敛肺、涩肠、生津、安蛔等功效。

图 16-60　梅

李亚科药用植物还有**火棘 *Pyracantha fortuneana*（Maxim.）H. L. Li、木瓜 *Pseudocydonia sinensis*（Touin）C. K. Schneid、秋子梨 *Pyrus ussuriensis* Maxim.、白梨 *Pyrus bretschneideri* Rehd.、杜梨 *Pyrus betulifolia* Bunge、西府海棠 *Malus micromalus* Makino、蕨麻 *Argentina anserina*（L.）Rydb.、金露梅 *Dasiphora fruticosa*（L.）Rydb.、银露梅 *Dasiphora glabra*（G. Lodd.）Soják、朝天委陵菜 *Potentilla supina* L.、插田泡 *Rubus coreanus* Miq.、山莓 *Rubus corchorifolius* L. f.、牛叠肚 *Rubus crataegifolius* Bunge、大乌泡 *Rubus pluribracteatus* L. T. Lu & Boufford、峨眉蔷薇 *Rosa omeiensis* Rolfe、山刺玫 *Rosa davurica* Pall.、野蔷薇 *Rosa multiflora* Thunb.、缫丝花 *Rosa roxburghii* Tratt.、蕤核 *Prinsepia uniflora* Batal.、李 *Prunus salicina* Lindl.、毛樱桃 *Prunus tomentosa* Thunb.、樱桃 *Prunus pseudocerasus* Lindl.** 等。

9. 豆科 Fabaceae

【特征】豆科植物为乔木、灌木、亚灌木或草本。茎直立或攀缘。根部常有固氮根瘤。叶常互生，稀对生；多为羽状复叶，少数为掌状复叶或三出复叶，稀单叶，常具托叶和叶枕。花常集成总状、聚伞、穗状、头状或圆锥花序；两性，稀单性，多为两侧对称的蝶形花冠，萼片与花瓣常 5 枚，有时 3～6 枚；雄蕊常 10 枚，稀 5 枚或多数，多为二体雄蕊，稀单体；雌蕊常单心皮，子房上位，1 室，胚珠 2 至多枚。果实为荚果，种子无胚乳。

【分布】豆科是种子植物第三大科，仅次于菊科（Asteraceae）和兰科（Orchidaceae）。约有 650 属，18 000 种，广泛分布于全世界。我国有 167 属，1 600 余种，各省区均有分布。

【药用成分】豆科植物所含化学成分复杂，类型多样。药用成分以黄酮类和生物碱类化合物为主。黄酮类化合物在该科植物中分布广泛，几乎囊括了自然界中所有黄酮类化合物类型，部分为该科特有，分布有一定规律性。如黄酮醇，尤其是杨梅黄素被认为是该科木本植物的特征性成分，在草本植物中则以黄酮为特征。花白素几乎遍布含羞草亚科（Mimosoideae）和云实亚科（Caesalpinioideae），但很少出现在蝶形花亚科（Papilionoideae）植物中。生物碱主要分布于蝶形花亚科植物中，有吡啶型生物碱，如苦参中的苦参碱具有抗癌作用；也有吲哚型生物碱，如油麻藤属和野豌豆属植物所含的毒扁豆碱可用于治疗青光眼。

豆科三亚科检索表

1. 花辐射对称，花瓣镊合状排列。……………………………………………………含羞草亚科
1. 花两侧对称，花瓣覆瓦状排列。
   2. 花稍两侧对称，花冠假蝶形，近轴的 1 枚花瓣位于相邻两侧花瓣之内，雄蕊花丝常分离。……………………………………………………………………………云实亚科
   2. 花明显两侧对称，花冠蝶形，近轴的 1 枚花瓣位于相邻两侧花瓣之外，常为二体雄蕊（9＋1）或单体雄蕊。…………………………………………………………蝶形花亚科

【代表性药用植物】

（1）含羞草亚科 Mimosoideae。该亚科植物多为木本，少数为藤本，稀草本。叶互生，

常为二回羽状复叶，叶柄具显著叶枕；叶轴或叶柄上常有腺体。花小，辐射对称；花萼管状，常 5 齿裂，裂片镊合状排列；花瓣与萼齿同数，镊合状排列；雄蕊突露于花被之外，十分显著，分离或连合成管或与花冠相连；心皮常 1 枚，子房上位。果实为荚果。

合欢 ***Albizia julibrissin*** **Durazz.** 合欢为落叶乔木。二回羽状复叶，小叶线形或长圆形，总叶柄近基部及最顶一对羽片着生处各有 1 腺体。头状花序；萼片、花瓣不显著；花丝细长，淡红色（见图 16-61）。分布于我国南北各地，多栽培。树皮入药（合欢皮）具有解郁安神、活血消肿等功效，花序或花蕾入药（合欢花）亦有解郁安神的功效。

图 16-61 合欢

儿茶 ***Acacia catechu*** **(L. f.) Willd.** 儿茶为落叶乔木。穗状花序生于叶腋；花淡黄或白色，花瓣披针形或倒披针形。荚果带状。去皮枝、干的干燥煎膏入药（儿茶）具有活血止痛、止血生肌、收湿敛疮、清肺化痰等功效。

（2）云实亚科 Caesalpinioideae。该亚科植物多为木本，少数为藤本，稀草本。叶互生，一回或二回羽状复叶，稀单叶。花常两性，稍两侧对称，总状或圆锥花序，稀穗状花序；萼片 5 枚，常离生；花瓣 5 枚，花冠假蝶形，上升覆瓦状排列（最上面的花瓣位于最内侧）；雄蕊 10 枚或较少，花丝离生或合生。果实为荚果，常有隔膜。

决明（小决明）***Cassia tora*** **L.** 决明为一年生草本植物，偶数羽状复叶。花黄色，成对腋生。荚果长条形（见图 16-62）。种子棱柱形。我国各地均有栽培。其与同属植物**钝叶决明** ***C. obtusifolia*** **L.** 的成熟种子均作为中药决明子使用，具有清热明目、润肠通便等功效。同属药用植物**尖叶番泻** ***C. acutifolia*** **Delile** 和**狭叶番泻** ***C. angustifolia*** **Vahl** 的小叶入药（番泻叶）具有泻热行滞、通便、利水等功效。

皂荚 ***Gleditsia sinensis*** **Lam.** 皂荚为落叶乔木，棘刺圆锥形，常分枝。一回羽状复叶。荚果细长，下弯呈镰状，近四棱形（见图 16-63）。我国南北各地均有分布，多栽培。成熟果实（大皂角）及不育果实（猪牙皂）入药具有祛痰开窍、散结消肿等功效，棘刺入药（皂角刺）则有消肿托毒、排脓、杀虫等功效。荚果煎汁可代肥皂用。

图 16－62　决明（小决明）

图 16－63　皂荚

（3）蝶形花亚科 Papilionoideae。该亚科植物为草本、木本，稀藤本，有时具刺。叶为三出复叶或羽状复叶，稀单叶；具托叶和小托叶，叶枕发达，叶轴或叶柄上无腺体凸起。花两性，两侧对称；萼片 5 枚，常合生；花瓣 5 枚，成蝶形花冠，下降覆瓦状排列；雄蕊 10 枚，常 9 枚合生，1 枚分离，成二体雄蕊，稀单体雄蕊；心皮 1 枚，子房上位，1 室，边缘胎座。果实为荚果。

甘草 *Glycyrrhiza uralensis* Fisch.　甘草为多年生草本植物（见图 16－64）。根与根状茎味

图 16－64　甘草

甜。总状花序腋生，花冠蓝紫色。荚果条形，镰刀状或环状弯曲。主要分布于我国华北、东北和西北地区。根和根状茎入药（甘草）具有补脾益气、清热解毒、祛痰止咳、缓急止痛、调和诸药等功效，其炮制加工品（炙甘草）则有补脾和胃、益气复脉等功效。同属植物**光果甘草** ***G. glabra*** **L.** 和**胀果甘草** ***G. inflata*** **Bat.**（见图 16－65）的根和根状茎亦作中药甘草使用。

图 16－65　胀果甘草

膜荚黄芪 ***Astragalus membranaceus*** **（Fisch.）Bunge**　膜荚黄芪为多年生草本植物。叶为奇数羽状复叶。总状花序腋生，蝶形花冠黄色，翼瓣及龙骨瓣均具长爪和短耳；二体雄蕊；荚果膜质，膨胀，具长柄（见图 16－66）。分布于东北、华北、西北和西南等地。膜荚黄芪与其变种**蒙古黄芪** ***A. membranaceus*** **（Fisch.）Bunge var.** ***mongholicus*** **（Bunge）Hsiao**（见图 16－67）的根一同作为中药黄芪使用，具有补气升阳、固表止汗、利水消肿、生津养血、行滞通痹、托毒排脓、敛疮生肌等功效；其炮制加工品（炙黄芪）则有益气补中之效。此外，**多序岩黄芪** ***Hedysarum polybotrys*** **Hand.-Mazz.** 的根（红芪）与黄芪药效相同，其炮制加工品（炙红芪）功效亦与炙黄芪相同。

图 16－66　膜荚黄芪

图 16－67　蒙古黄芪

槐 ***Sophora japonica* L.** 槐为落叶乔木。奇数羽状复叶（见图 16－68）。荚果连珠状。我国大部分地区有栽培。花及花蕾（槐花）和成熟果实（槐角）均可入药，具有凉血止血、清肝泻火等功效。同属植物**苦参** ***S. flavescens* Ait.**（见图 16－69）的根入药（苦参）有清热燥湿、杀虫、利尿之效，**越南槐** ***S. tonkinensis* Gagnep.** 的根和根状茎入药（山豆根）有清热解毒、消肿利咽之效。

图 16－68 槐

图 16－69 苦参

补骨脂 ***Psoralea corylifolia* L.** 补骨脂植株形态见图 16－70。其成熟果实入药（补骨脂）具有温肾助阳、纳气平喘、温脾止泻等功效，外用可消风祛斑。

图 16－70 补骨脂

胡芦巴（胡卢巴）***Trigonella foenum-graecum* L.** 胡芦巴为一年生草本植物。羽状三出复叶。花冠黄白色或淡黄色，子房线形（见图 16－71）。荚果圆筒状，长 7～12 厘米。种子长圆状卵形，棕褐色，表面凹凸不平。我国各地均有栽培，在西南、西北各地常呈半野生状态。成熟种子入药（胡芦巴）具有温肾助阳、祛寒止痛等功效。

野葛（葛）***Pueraria lobata*（Willd.）Ohwi** 野葛为多年生草质藤本植物。花冠蝶形，蓝紫色（见图 16－72）。荚果条形，密生褐色长毛。除新疆、西藏外，我国大部分地区均有分布。其根（葛根）和同属植物**甘葛藤** ***P. thomsonii* Benth.**（图 16－73）的根入药（粉葛）均可入药，具有解肌退热、生津止渴、透疹、升阳止泻、通经活络、解酒毒等功效。

图 16-71　胡芦巴（胡卢巴）

图 16-72　野葛

图 16-73　甘葛藤

赤小豆 ***Vigna umbellata* Ohwi et Ohashi**　赤小豆为一年生草本植物。三出羽状复叶。花黄色，龙骨瓣右侧具长角状附属体（见图 16-74）。果实为荚果。成熟种子入药（赤小豆）具有利水消肿、解毒排脓等功效。同属植物**赤豆** ***V. angularis* Ohwi et Ohashi**（见图 16-75）的成熟种子亦作为中药赤小豆使用。

图 16-74　赤小豆

图 16-75　赤豆

该科药用植物还有**广金钱草** ***Desmodium styracifolium*(Osb.)Merr.**，其地上部分入药（广金钱草）具有利湿退黄、利尿通淋之效；**密花豆** ***Spatholobus suberectus* Dunn**，其藤茎入药

（鸡血藤）有活血补血、调经止痛、舒筋活络之效；**广州相思子** ***Abrus cantoniensis*** **Hance**，其全株入药（鸡骨草）具有利湿退黄、清热解毒、疏肝止痛之效；**刀豆** ***Canavalia gladiata*** **(Jacq.) DC.**，其成熟种子入药（刀豆）有温中、下气、止呃之效；以及**野大豆** ***Glycine soja*** **Sieb. et Zucc.**、**野豌豆** ***Vicia sepium*** **L.**、**鸡眼草** ***Kummerowia striata*** **(Thunb.) Schindl.**、**长萼鸡眼草** ***Kummerowia stipulacea*** **(Maxim.) Makino**、**天蓝苜蓿** ***Medicago lupulina*** **L.**、**紫苜蓿** ***Medicago sativa*** **L.**、**歪头菜** ***Vicia unijuga*** **A. Br.**、**刺槐** ***Robinia pseudoacacia*** **L.**、**锦鸡儿** ***Caragana sinica*** **(Buc'hoz) Rehd.** 等。

10. 芸香科 Rutaceae

【特征】芸香科植物多为乔木、灌木、木质藤本，稀草本。植株全体含挥发油。叶互生，稀对生；复叶或单叶，常有透明油点。花两性或单性，辐射对称，聚伞花序，稀总状或穗状花序，更少单花或叶上生花；萼片 4 或 5 枚，离生或部分合生；花瓣 4 或 5 枚，稀 2～3 枚，离生，覆瓦状排列，稀镊合状排列；雄蕊 4 或 5 枚，或为花瓣数的倍数；心皮常 4 或 5 枚，子房上位，稀半下位，中轴胎座，稀侧膜胎座。果实为蓇葖果、蒴果、核果或柑果，稀翅果。果皮革质、具翼，或稍近肉质，常富含油点。

【分布】芸香科约有 150 属，1 600 种，全世界均有分布，主产于热带和亚热带地区，少数分布至温带。我国有 22 属，120 余种，分布全国各地，主产于西南和南部地区。

【药用成分】芸香科植物普遍含挥发油，并含生物碱、黄酮、香豆素及木脂素等化学成分。花椒属、柑橘属、枳属植物挥发油中常含有较高含量的柠檬烯、蒎烯等单萜类化合物，花椒属、飞龙掌血属及黄皮属植物挥发油中还含不饱和脂肪酸酰胺。生物碱在该科植物中普遍存在，其中呋喃喹啉型、吡喃喹啉型和吖啶型生物碱几乎只存在于芸香科。黄酮类化合物中以二氢黄酮、黄酮醇较为普遍，常见的有橙皮苷、柚皮苷等，这些成分有降低血管脆性和防止微血管出血的作用。

【代表性药用植物】

橘（柑橘）***Citrus reticulata*** **Blanco** 橘为小乔木，分枝多，枝扩展或略下垂。单身复叶。花单生或 2～3 朵簇生。柑果扁圆形，果皮淡黄色、朱红色或深红色；橘络多，呈网状（见图 16-76）。我国长江以南地区广泛栽培，品种甚多。成熟果皮入药（陈皮）具有理气健脾、燥湿化痰等功效，幼果或未成熟果实的果皮入药（青皮）可疏肝破气、消积化滞，成熟种子入药（橘核）可理气、散结、止痛。同属药用植物较多，**枸橼**（香橼）***C. medica*** **L.**（见图 16-77）或**香圆** ***C. wilsonii*** **Tanaka** 的成熟果实入药（香橼）具有疏肝理气、宽中、化痰等功效，**柚** ***C. grandis*** **(L.) Osbeck**（见图 16-78）未成熟或近成熟的外层果皮入药（化橘红）有理气宽中、燥湿化痰之效，**佛手** ***C. medica*** **L. var. *sarcodactylis*** **Swingle**（见图 16-79）的果实入药（佛手）有疏肝理气、和胃止痛、燥湿化痰之效。

图 16-76　橘

图 16-77　枸橼（香橼）

图 16-78　柚

图 16-79　佛手

黄檗 ***Phellodendron amurense*** **Rupr.**　黄檗为落叶乔木。树皮外层灰色或灰褐色，内皮鲜黄色。奇数羽状复叶对生，边缘有细钝齿和缘毛。花序顶生，萼片细小；花瓣紫绿色。果实圆球形，蓝黑色（见图 16-80）。分布于我国东北、华北各省区，河南、安徽北部、宁夏也有分布。其树皮（关黄柏）和同属植物**黄皮树**（川黄檗）***P. chinense*** **Schneid.** 的树皮（黄柏）均可入药，具有清热燥湿、泻火除蒸、解毒疗疮等功效。

白鲜 ***Dictamnus dasycarpus*** **Turcz.**　白鲜为多年生草本植物，羽状复叶，叶柄及叶轴两侧有狭翅，花淡红色，有紫色条纹（见图 16-81）。根皮入药（白鲜皮）具有清热燥湿、祛风解毒等功效。

吴茱萸 ***Euodia rutaecarpa*** **(Juss.) Benth.**　吴茱萸为常绿灌木或小乔木。奇数羽状复叶，小叶背面密被长柔毛，有油点。果实为蓇葖果，紫红色。种子黑色，有光泽（见图 16-82）。分布于长江流域及以南各省区。近成熟果实入药（吴茱萸）具有散寒止痛、降逆止呕、助阳止泻等功效。同属植物**石虎** ***E. rutaecarpa*** **(Juss.) Benth. var.** ***officinalis*** **(Dode) Huang** 和**疏毛吴茱萸** ***E. rutaecarpa*** **(Juss.) Benth. var.** ***bodinieri*** **(Dode) Huang** 的近成熟果实亦可作中药吴茱萸使用。

图 16-80　黄檗

图 16-81　白鲜

图 16-82　吴茱萸

芸香科药用植物还有**九里香** ***Murraya exotica*** **L.** 或**千里香** ***Murraya paniculata*** **(L.) Jack**，两者的叶和带叶嫩枝入药（九里香），有行气止痛、活血散瘀等功效；**花椒** ***Zanthoxylum bungeanum*** **Maxim.** 或**青椒** ***Zanthoxylum schinifolium*** **Sieb. et Zucc.**，其成熟果皮入药（花椒）具有温中止痛、杀虫止痒之效；**两面针** ***Zanthoxylum nitidum*** **(Roxb.) DC.**，其根入药（两面针）具有活血化瘀、行气止痛、祛风通络、解毒消肿之效；以及**枳** ***Citrus trifoliata*** **L.**、**刺花椒** ***Zanthoxylum acanthopodium*** **DC.**、**竹叶花椒** ***Zanthoxylum armatum*** **DC.**、**野花椒** ***Zanthoxylum simulans*** **Hance** 等。

11. 五加科 Araliaceae

【特征】五加科多为乔木或灌木，有时为木质藤本，稀多年生草本。叶互生，稀轮生；单叶、掌状或羽状复叶；托叶常与叶柄基部合生成鞘状。花辐射对称，两性或杂性，稀单性异株，聚生为伞形、头状、总状或穗状花序，通常再组成圆锥状复花序；萼筒与子房合生，边缘波状或有萼齿；花瓣5～10枚，常离生；雄蕊与花瓣同数且互生，有时为花瓣的2倍或无定数；子房下位。果实为浆果或核果，外果皮常肉质。种子侧扁，具丰富胚乳。

【分布】五加科约有50属，1 300种，分布于热带至温带地区。我国有23属，180多种，除新疆外，遍布全国各地。

【药用成分】五加科植物含三萜皂苷类、香豆素类、黄酮类化合物，富含三萜皂苷为该科植物的特点。其中，达玛烷型四环三萜皂苷主要分布于人参属的人参、三七、西洋参中，齐墩果烷型五环三萜皂苷广泛分布在人参属、楤木属、鹅掌柴属、五加属植物中，具有兴奋中枢神经、抗炎症和抗溃疡等作用。香豆素类化合物多结构简单，主要存在于楤木属植物中。

【代表性药用植物】

人参 *Panax ginseng* C. A. Mey.　人参为多年生草本植物。根状茎每年增生一节，称"芦头"，下端为纺锤状肉质根，有分叉。掌状复叶3～6枚，轮生茎顶。伞形花序单生茎顶，花梗比叶柄长，具30～50朵花，花淡黄绿色。果实扁球形，熟时鲜红色。种子肾形，白色（见图16-83）。分布于我国辽宁、吉林、黑龙江东部，现河北、北京及山西等地亦有引种，生于海拔数百米的落叶阔叶林或针阔叶混交林下。现野生者稀少，多为栽培品。根和根状茎入药（人参）具有大补元气、复脉固脱、补脾益肺、生津养血、安神益智之效，叶入药（人参叶）具有补气、益肺、祛暑、生津之效。其栽培品的根和根状茎经蒸制后（红参）亦有大补元气、复脉固脱、益气摄血之效。此外，人参的茎、叶、根等可用于提取人参总皂苷。

图16-83　人参

三七 *Panax notoginseng* (Burk.) F. H. Chen　三七为多年生草本植物。根1至多数，纺锤形。掌状复叶，小叶倒卵形或倒卵状长圆形。伞形花序顶生，具80～100朵花，花丝与花瓣近等长。果实呈红色，扁球状肾形。种子三角状卵球形，稍具3脊（见图16-84）。主要栽培于我国福建、广西西南部，江西、浙江、云南等地。根和根状茎入药（三七）具有散瘀止血、消肿定痛等功效。

图 16-84　三七

人参属（*Panax*）植物我国有 7 种，其中**西洋参** ***P. quinquefolium*** **L.** 形态似人参，但其小叶长圆状倒卵形，先端突尖，脉上无刚毛，花序梗不超过叶柄，可与人参区别。原产于加拿大和美国，现在我国贵州、黑龙江、江苏、江西、吉林和辽宁等地广泛栽培。根入药（西洋参）具有补气养阴、清热生津等功效。**竹节参** ***P. japonicus*** **C. A. Mey.** 为多年生草本植物，根状茎横卧，节膨大呈竹鞭状或串珠状（见图 16-85）。分布于我国长江以南各省及云南、贵州、西藏等地。根状茎入药（竹节参）有散瘀止血、消肿止痛、祛痰止咳、补虚强壮之效。竹节参的两个变种**珠子参** ***P. japonicus*** **C. A. Mey. var.** ***major*** **(Burk.) C. Y. Wu et K. M. Feng** 和**羽叶三七** ***P. japonicus*** **C. A. Mey. var.** ***bipinnatifidus*** **(Seem.) C. Y. Wu et K. M. Feng** 的根状茎入药（珠子参），具有补肺养阴、祛瘀止痛、止血等功效。

图 16-85　竹节参

细柱五加 ***Acanthopanax gracilistylus*** **W. W. Smith**　细柱五加为落叶灌木。掌状复叶，叶柄具星散皮刺，小叶常 5 片。伞形花序腋生，花黄绿色，常 2 枚心皮。果实扁球形，成熟时呈黑色，花柱宿存（见图 16-86）。我国黄河以南大部分省区有分布。根皮入药（五加皮）具有祛风除湿、补益肝肾、强筋壮骨、利水消肿等功效。

刺五加 ***Acanthopanax senticosus*** **(Rupr. et Maxim.) Harms**　刺五加为灌木，分枝多，密生直而细长的针状刺。伞形花序单个顶生，花紫黄色，花瓣 5 枚，雄蕊 5 枚。果实球形或卵球形，有 5 棱，成熟时呈黑色（见图 16-87）。分布于我国黑龙江、吉林、辽宁、河北和山西等地。根和根状茎或茎入药（刺五加），具有益气健脾、补肾安神等功效。

图 16－86　细柱五加

图 16－87　刺五加

通脱木 ***Tetrapanax papyrifer*（Hook.）K. Koch**　通脱木植株形态见图 16－88，其茎中充满白色的茎髓。茎髓入药（通草），具有清热利尿、通气下乳等功效。

图 16－88　通脱木

五加科药用植物还有**刺楸** ***Kalopanax septemlobus*（Thunb.）Koidz.**、**白簕** ***Eleutherococcus trifoliatus*（L.）S. Y. Hu**、**楤木** ***Aralia elata*（Miq.）Seem.** 等。

12. 伞形科 Apiaceae

【特征】伞形科植物为草本，茎中空或有髓，常具纵棱。叶互生，叶片分裂或多裂（一回掌状分裂、一至四回羽状分裂或一至二回三出羽状分裂）；叶柄基部具叶鞘。花小，两性或杂性，伞形花序或复伞形花序，很少为头状花序，伞形花序的基部有总苞片；花萼与子房贴生，萼齿 5 枚或无；花瓣 5 枚；雄蕊 5 枚，与花瓣互生。子房下位，2 室，每室 1 枚胚珠，顶部有盘状或短圆锥状的花柱基；花柱 2 枚。干果成熟时常裂成 2 个分生果，每一分生果有 1 心皮柄与果梗相连而倒悬其上。因此，2 个分生果又称双悬果，分生果外面有 5 条主棱（1 条背棱，2 条中棱，2 条侧棱），棱和棱之间有沟槽，有时沟槽处形成次棱，此时主棱不发育；中果皮层内的棱槽内和合生面通常有纵走的油管 1 至多条。

【分布】伞形科有 200 余属，3 000 多种，广泛分布于全球温热带地区，我国有 100 属，614 种。

【药用成分】伞形科植物主要含有挥发油、香豆素类、三萜类、聚炔类、黄酮类及生物碱等化合物。挥发油常与树脂伴生，贮于油管中。油中常见成分有 α- 榄香烯及大茴香醚等，还有一些特殊成分，如存在于胡萝卜种子挥发油中的胡萝卜烷型倍半萜。香豆素类成分目前仅见于芹亚科（Apioideae）植物中，以呋喃香豆素和二甲基吡喃香豆素最为常见，在天胡荽亚科（Hydrocotyloideae）和变豆菜亚科（Saniculoideae）未见分布。三萜类化合物以三萜醇为多，三萜酸较少，主要分布在天胡荽亚科和变豆菜亚科植物中，芹亚科中除柴胡属植物外，均未见有此类成分。聚炔类化合物是伞形科另一化学特征。该科一些有毒植物，如毒芹属、水芹属、细叶芹属和柴胡属等植物中都含有相当量的聚炔类化合物。黄酮类化合物主要有芹菜素、木犀草素等。生物碱在该科中零星分布，如毒参含有毒芹碱，胡萝卜属含吡咯啶型生物碱等。

【代表性药用植物】

当归 ***Angelica sinensis* (Oliv.) Diels** 当归为多年生草本植物。根圆柱状，具分枝，须根多数，有浓郁香气。茎绿白色或带紫红色。叶三出式二至三回羽状分裂，叶柄基部膨大成鞘。复伞形花序，总苞片 2 枚，线形，或无；小总苞片 2～4 枚，花小，白色。双悬果椭圆形，侧棱具宽而薄的翅，与果体等宽或略宽，棱槽内有油管 1 条，合生面油管 2 条（见图 16-89）。主产于甘肃东南部，其次为云南、四川、陕西、湖北等省，均为栽培品。根入药（当归）具有补血活血、调经止痛、润肠通便等功效。同属植物**重齿毛当归**（重齿当归）***A. pubescens* Maxim. f. *biserrata* Shan et Yuan** 产于四川、湖北、江西、安徽、浙江等地。根入药（独活）具有祛风除湿、通痹止痛之效。

图 16-89 当归

白芷 ***Angelica dahurica*** **(Fisch. ex Hoffm.) Benth. et Hook. f.**　白芷为多年生高大草本植物，高1～2.5米。根圆柱形，外表皮黄褐色至褐色。茎极粗壮，通常带紫色，中空。基生叶一回羽状分裂，茎上部叶二至三回羽状分裂。复伞形花序顶生或腋生，总苞片通常缺或1～2枚，小总苞片5～10枚，线状披针形，花白色；花柱比短圆锥状的花柱基长2倍。双悬果长圆形至卵圆形，黄棕色，有时带紫色，侧棱翅状；棱槽中有油管1条，合生面油管2条（见图16-90）。产于我国东北及华北地区，多为栽培品。根入药（白芷）具有解表散寒、祛风止痛、宣通鼻窍、燥湿止带、消肿排脓等功效。**杭白芷** ***A. dahurica*** **(Fisch. ex Hoffm.) Benth. et Hook. f. var.** ***formosana*** **(Boiss.) Shan et Yuan** 为白芷变种，形态与白芷基本一致，但植株高1～1.5米。茎及叶鞘多为黄绿色。根长圆锥形，表面灰棕色。栽培于我国四川、浙江、湖南、湖北、江西、江苏、安徽等省区。其根亦作为中药白芷使用。

图16-90　白芷

柴胡（北柴胡）***Bupleurum chinense*** **DC.**　柴胡为多年生草本植物。茎上部多回分枝，微作“之”字形曲折。单叶，全缘；基生叶倒披针形或狭椭圆形，早枯；茎中部叶倒披针形或广线状披针形，平行脉。复伞形花序，总苞片2～3枚或无，叶状；花瓣鲜黄色。双悬果宽椭圆形，棕色，两侧略扁，棱狭翼状，每棱槽油管3条，很少4条（见图16-91）。产于我国东北、华北、西北、华东和华中各地。根入药（柴胡，习称“北柴胡”）具有疏散退热、疏肝解郁、升举阳气等功效。同属植物**狭叶柴胡**（红柴胡）***B. scorzonerifolium*** **Willd.** 的主根发达，支根稀少，表面深红棕色。茎略呈“之”字形曲折。叶细线形，质厚，常对折或内卷，基生叶下部略收缩成叶柄，其他均无柄。其根与柴胡一起作中药柴胡使用，习称“南柴胡”。值得注意的是，该属中**大叶柴胡** ***B. longiradiatum*** **Turcz.** 的根状茎，表面密生环节，有毒，不可当柴胡用。

积雪草 ***Centella asiatica*** **(L.) Urb.**　积雪草为多年生草本植物。茎匍匐，节上生根。叶片圆形、肾形或马蹄形，边缘有钝锯齿。聚伞花序，花瓣紫红色或乳白色。果实两侧扁，圆球形（见图16-92）。分布于我国陕西、江苏、安徽、浙江、江西、湖南、湖北、福建、台湾、广东、广西、四川、云南等省区。全草入药（积雪草）具有清热利湿、解毒消肿等功效。

图 16-91　柴胡（北柴胡）

图 16-92　积雪草

辽藁本 ***Ligusticum jeholense*** **Nakai et Kitag.**　辽藁本为多年生草本植物。根圆锥形，分叉。根状茎较短。茎直立，中空。叶片二至三回三出羽状全裂。复伞形花序顶生或侧生，花瓣白色。分生果背腹扁，椭圆形（见图 16-93）。产于我国吉林、辽宁、河北、山西、山东等地。根状茎和根入药（藁本）具有祛风、散寒、除湿、止痛等功效。同属植物**藁本** ***L. sinense*** **Oliv.** 的根状茎与根亦作中药藁本使用。

图 16-93　辽藁本

防风 ***Saposhnikovia divaricata*** **(Turcz.) Schischk.**　防风为多年生草本植物。根长圆柱形，根头处密生纤维状叶柄残基和环纹。茎二歧分枝，有细棱。基生叶丛生，花瓣白色（见图 16-94）。产于我国黑龙江、吉林、辽宁、内蒙古、河北、宁夏、甘肃、陕西、山西、山东等省区。根入药（防风）具有祛风解表、胜湿止痛、止痉等功效。

珊瑚菜 ***Glehnia littoralis*** **Fr. Schmidt ex Miq.**　珊瑚菜为多年生草本植物，全株被白色柔毛。茎露于地面部分较短，分枝。叶多数基生，质厚。复伞形花序顶生，密生浓密的长柔毛，花白色（见图 16-95）。产于我国辽宁、河北、山东、江苏、浙江、福建、台湾、广东等省，生长于海边沙滩或栽培于肥沃疏松的沙质土壤。根入药（北沙参）具有养阴清肺、益胃生津等功效。

图 16-94　防风

图 16-95　珊瑚菜

伞形科药用植物还有**蛇床** ***Cnidium monnieri*** **(L.) Cuss.**，其成熟果实入药（蛇床子）有燥湿祛风、杀虫止痒、温肾壮阳之效；**茴香** ***Foeniculum vulgare*** **Mill.**，其成熟果实入药（小茴香）能散寒止痛、理气和胃；**川芎** ***Ligusticum chuanxiong*** **Hort.**，其根状茎入药（川芎）能活血行气、祛风止痛；**明党参** ***Changium smyrnioides*** **Wolff**，其根入药（明党参）能润肺化痰、养阴和胃、平肝、解毒；**野胡萝卜** ***Daucus carota*** **L.**，其成熟果实入药（南鹤虱）能杀虫消积；**羌活** ***Notopterygium incisum*** **Ting ex H. T. Chang** 和**宽叶羌活** ***Notopterygium franchetii*** **H. de Boiss.**，其根状茎和根入药（羌活）能解表散寒、祛风除湿、止痛；以及**鸭儿芹** ***Cryptotaenia japonica*** **Hassk.**、**天胡荽** ***Hydrocotyle sibthorpioides*** **Lam.**、**变豆菜** ***Sanicula chinensis*** **Bunge**、**小窃衣** ***Torilis japonica*** **(Houtt.) DC.**、**水芹** ***Oenanthe javanica*** **(Bl.) DC.** 等。

13. 马鞭草科 Verbenaceae

【特征】马鞭草科植物多为木本，稀草本。叶对生，稀轮生或互生，单叶或掌状复叶，很少羽状复叶；无托叶。花两性，常两侧对称，花序类型多样；花萼常合成钟状、杯状或筒状，多4～5裂，宿存；花冠合瓣，花冠筒圆柱形，筒口裂为二唇形或略不相等的4～5裂；雄蕊4枚，极少2或5～6枚，着生于花冠筒上；子房上位，2枚心皮合生，常2～4室，有时被假隔膜分为4～10室，每室1～2枚胚珠。果实为核果、蒴果或浆果状核果，外果皮薄，中果皮干瘪或肉质，内果皮质硬成核。种子常无胚乳。

【分布】马鞭草科有90余属，2 000余种，主要分布于热带和亚热带地区，少数延至温带。我国有20属，180余种，主要分布于长江以南地区。

【药用成分】马鞭草科植物常含环烯醚萜类、黄酮类、醌类、萜类及挥发油等化合物。

【代表性药用植物】

马鞭草 ***Verbena officinalis*** **L.**　马鞭草为多年生草本植物。茎四方形，节和棱上有硬毛。叶对生。穗状花序细长，形似马鞭，花冠淡紫色至蓝色（见图 16-96）。分布于全国各地。地上部分入药（马鞭草）具有活血散瘀、解毒、利水、退黄、截疟等功效。

图 16-96 马鞭草

蔓荆 ***Vitex trifolia* L.** 蔓荆为落叶灌木。小枝四棱形。掌状三出复叶，侧枝偶见单叶，全缘。圆锥花序顶生，花冠淡紫色或蓝紫色。核果近圆形，果萼宿存。小枝、叶背面和花序均被毛（见图 16-97）。产于我国福建、台湾、广东、广西、云南等省区。成熟果实入药（蔓荆子）具有疏散风热、清利头目等功效。其变种**单叶蔓荆** ***V. trifolia* L. var. *simplicifolia* Cham.** 的茎匍匐，节处生不定根。单叶对生，全缘。产于我国辽宁、河北、山东、江苏、安徽、浙江、福建、台湾、广东等地沿海地区。其成熟果实亦作为中药蔓荆使用。同属植物**牡荆** ***V. negundo* L. var. *cannabifolia* (Sieb. et Zucc.) Hand.-Mazz.**（图 16-98）的新鲜叶入药（牡荆叶）有祛痰、止咳、平喘之效。

图 16-97 蔓荆

图 16-98 牡荆

紫珠属（*Callicarpa*）植物**大叶紫珠** ***C. macrophylla* Vahl**、**广东紫珠** ***C. kwangtungensis* Chun**（见图 16-99）、**杜虹花** ***C. formosana* Rolfe**（见图 16-100）和**裸花紫珠** ***C. nudiflora* Hook. et Arn.** 分布于我国华南和西南地区。其枝和叶可入药，有散瘀止血、消肿止痛、清热解毒之效。

图 16－99　广东紫珠

图 16－100　杜虹花

14. 唇形科 Lamiaceae

【特征】唇形科植物多为草本，稀灌木或乔木，常含挥发油。茎四棱形。单叶，稀为复叶，对生，稀轮生。花两性，两侧对称，稀辐射对称，腋生聚伞花序构成轮伞花序，常再组成穗状或总状花序；合生花萼常 5 裂，二唇形（常上唇 3 裂，下唇 2 裂），宿存；合瓣花冠 5 裂，二唇形（常上唇 2 裂，下唇 3 裂），稀单唇形（即无上唇，5 个裂片全在下唇）、假单唇形（即上唇很短，2 裂，下唇 3 裂）或花冠裂片近相等；雄蕊 4 枚，2 强，或退化为 2 枚，着生于花冠筒部，花药 2 室，纵裂，花粉长球形至扁球形；子房上位，2 枚心皮，浅裂或常深裂成 4 室，每室有 1 枚直立的倒生胚珠，花柱着生于子房裂隙的基部，先端 2 裂。果实由 4 枚小坚果组成。

【分布】唇形科约有 220 属，3 500 种，我国有 96 属，800 余种，全国各地均有分布。

【药用成分】唇形科植物以富含挥发油著称，此外还含有萜类、黄酮类及少量生物碱等。挥发油主要分布在罗勒亚科（Ocimoideae）的 40 余属、塔花族、迷迭香属、薰衣草属等植物中。二萜类化合物主要集中在野芝麻亚科（Lamioideae）和罗勒亚科植物中，特别是野芝麻亚科，即分布在比较进化的类群中；荆芥族植物富含单萜类化合物；夏至草属植物含二萜和三萜类化合物，如欧夏至苦素、夏至草醇等。黄芩属植物富含黄酮类化合物，如白杨素、黄芩苷元、黄芩素等，均有抗菌消炎作用。益母草属植物含多种生物碱，如益母草碱、益母草宁碱等。

【代表性药用植物】

益母草 ***Leonurus japonicus*** **Houtt.** 益母草为一年生或二年生草本植物。叶两型，基生叶卵状心形，茎生叶掌状 3 深裂，呈线形。花冠上唇全缘，下唇 3 裂，略短于上唇。小坚果长圆状三棱形（见图 16－101）。我国各地均有分布。成熟果实入药（茺蔚子）具有活血调经、清肝明目之效，地上部分入药（益母草）具有活血调经、利尿消肿、清热解毒之效。

图 16－101 益母草

丹参 ***Salvia miltiorrhiza*** **Bunge** 丹参为多年生草本植物。根肉质肥厚，外皮红色，内部白色，故名丹参。羽状复叶，小叶常 3～5 枚，两面被疏柔毛，背面较密。花冠紫蓝色，二唇形，能育雄蕊 2 枚。小坚果黑色，椭圆形（见图 16－102）。分布于我国大部分地区。根和根状茎入药（丹参）有活血祛瘀、通经止痛、清心除烦、凉血消痈之效。

图 16－102 丹参

黄芩 ***Scutellaria baicalensis*** **Georgi**　黄芩为多年生草本植物。主根肥厚，断面黄色。叶披针形，全缘，背面密被下陷的腺点。花冠紫红色至蓝色，二唇形，上唇盔状，下唇两侧裂片向上唇靠合。小坚果卵球形，黑褐色（见图 16－103）。分布于我国长江流域以北地区，主产于东北、华北等地。根入药（黄芩）有清热燥湿、泻火解毒、止血、安胎之效。同属植物**半枝莲** ***S. barbata*** **D. Don**（见图 16－104）全草入药（半枝莲）有清热解毒、化瘀利尿之效。

图 16－103　黄芩

图 16－104　半枝莲

薄荷 ***Mentha haplocalyx*** **Briq.**　薄荷为多年生草本植物，具根状茎。叶两面具毛。轮伞花序腋生，花冠淡紫色。小坚果卵珠形，黄褐色，具小腺窝（见图 16－105）。产于我国各地。地上部分入药（薄荷）有疏散风热、清利头目、利咽、透疹、疏肝行气之效。

图 16－105　薄荷

筋骨草（金疮小草）***Ajuga decumbens*** **Thunb.**　筋骨草为一或二年生草本植物。茎平卧或斜上升，具匍匐枝。具较大的基生叶，全体略被白色长柔毛（见图 16－106）。产于我国长江以南各省区。全草入药（筋骨草）有清热解毒、凉血消肿之效。

夏枯草 ***Prunella vulgaris*** **L.**　夏枯草为多年生草本植物。全株具白色粗毛。轮伞花序排列成紧密的顶生穗状花序，花冠上唇盔状，雄蕊 4 枚，后对雄蕊短于前对雄蕊（见图 16－107）。

我国大部分地区均有分布。果穗入药（夏枯草）有清肝泻火、明目、散结消肿之效。

图 16-106　筋骨草（金疮小草）

图 16-107　夏枯草

紫苏 ***Perilla frutescens*** **(L.) Britt.**　紫苏为一年生直立草本植物。叶阔卵形或圆形，两面被毛。花冠白色至紫红色。小坚果近球形，灰褐色，表面具网纹（见图 16-108）。我国各地广泛栽培。成熟果实入药（紫苏子）能降气化痰、止咳平喘、润肠通便，叶或带叶嫩枝入药（紫苏叶）能解表散寒、行气和胃，茎入药（紫苏梗）能理气宽中、止痛、安胎。

图 16-108　紫苏

活血丹 ***Glechoma longituba*** **(Nakai) Kupr.**　活血丹为多年生草本植物，具匍匐茎，逐节生根。茎四棱形。叶片心形或近肾形。轮伞花序常具 2 朵花，花冠淡蓝色、蓝色至紫色，下唇具深色斑点。果实为坚果（见图 16-109）。广泛分布于我国各地。地上部分入药（连钱草）能利湿通淋、清热解毒、散瘀消肿。

图 16－109　活血丹

唇形科药用植物还有**石香薷** ***Mosla chinensis*** **Maxim.** 和**江香薷** ***Mosla chinensis*** **'Jiangxiagru'**，其地上部分入药（香薷）能发汗解表、化湿和中，前者习称“青香薷”，后者习称“江香薷”；**荆芥**（裂叶荆芥）***Schizonepeta tenuifolia*** **Briq.**，其地上部分（荆芥）与花穗（荆芥穗）入药有解表散风、透疹、消疮之效，炮制加工品荆芥炭和荆芥穗炭有收敛止血之效；**广藿香** ***Pogostemon cablin*** **(Blanco) Benth.**，其地上部分入药（广藿香）有芳香化浊、和中止呕、发表解暑之效；**碎米桠** ***Rabdosia rubescens*** **(Hemsl.) Hara**，其地上部分入药（冬凌草）有清热解毒、活血止痛之效；以及**甘露子** ***Stachys sieboldii*** **Miq.**、**地蚕** ***Stachys geobombycis*** **C. Y. Wu**、**地笋** ***Lycopus lucidus*** **Turcz. ex Benth.**、**藿香** ***Agastache rugosa*** **(Fisch. et Mey.) O. Ktze.**、**野芝麻** ***Lamium barbatum*** **Sieb. & Zucc.**、**香薷** ***Elsholtzia ciliata*** **(Thunb.) Hyland.** 等。

15. 茄科 Solanaceae

【特征】茄科植物多为草本或灌木，稀乔木。单叶全缘，分裂或为羽状复叶，常互生，稀在开花的枝上形成大小不等的二叶双生；无托叶。花两性，辐射对称，稀两侧对称，单生、簇生或呈各式聚伞花序；花萼 5 裂，稀具 2、3、4 至 10 裂片，或截形而无裂片，宿存；花冠 5 裂，呈辐射状、漏斗状、高脚碟状、钟状或坛状；雄蕊与花冠裂片同数而互生，着生于花冠筒部；子房上位，2 枚心皮组成 2 室，有时 1 室或因假隔膜而成不完全的 4 室，中轴胎座，胚珠多数，柱头头状或 2 浅裂。果实为浆果或蒴果。种子扁平或肾形。

【分布】茄科约有 90 属，2 300 种，广布于温带及热带地区，美洲热带地区种类最为丰富。我国约 20 属，100 种，全国各地均有分布。

【药用成分】茄科植物的化学特点是普遍含有生物碱，主要是莨菪烷类、吡啶类和甾体类生物碱。莨菪烷类生物碱主要分布于山莨菪属、颠茄属、曼陀罗属、茄参属等植物中，其中以莨菪碱、东莨菪碱、颠茄碱为代表性化合物。吡啶类生物碱如胡芦巴碱分布于茄属植物中，烟碱分布于烟草属植物中。甾体类生物碱如龙葵碱、蜀羊泉次碱、垂茄碱等，主要存在于茄属、辣椒属、泡囊草属植物中。

【代表性药用植物】

宁夏枸杞 ***Lycium barbarum*** **L.** 宁夏枸杞为灌木，具枝刺。叶互生或簇生，披针形，略带肉质。花萼常2中裂，裂片顶端有胼胝质小尖头或顶端又2～3齿裂；花冠漏斗状，紫堇色，筒部明显长于檐部裂片，裂片边缘无毛。浆果红色，果皮肉质，多汁液（见图16－110）。产于我国西北和华北地区，不少地区引种栽培，其中宁夏及天津地区栽培面积广，产量高。根皮入药（地骨皮）有凉血除蒸、清肺降火之效，成熟果实入药（枸杞子）有滋补肝肾、益精明目之效。同属植物**枸杞** ***L. chinense*** **Mill.** 花萼常3裂或不规则4～5齿裂，花冠筒部短于或等于檐部裂片，裂片边缘具缘毛，浆果味甜而后味微苦（见图16－111）。我国大部分地区均有分布。其根皮亦作中药地骨皮使用。

图16－110　宁夏枸杞

图16－111　枸杞

白花曼陀罗（洋金花） ***Datura metel*** **L.** 白花曼陀罗为一年生草本植物。花萼筒部圆筒形，裂片狭三角形或披针形，宿存；花冠长漏斗状，裂片顶端有小尖头，白色。蒴果疏生短刺，成熟后不规则4瓣裂（见图16－112）。分布于我国长江以南地区，亦有栽培。全株有毒，其中种子毒性最强。花入药（洋金花）有平喘止咳、解痉定痛之效。

图16－112　白花曼陀罗（洋金花）

莨菪（天仙子）***Hyoscyamus niger* L.**　莨菪为二年生草本植物，全株被腺毛，有特殊臭气。花萼筒状钟形，5浅裂；花冠呈漏斗状，黄色，具紫色脉纹。蒴果包被于宿萼内（见图16－113）。分布于我国华北、西北、西南等地区。成熟种子入药（天仙子）有解痉止痛、平喘、安神之效。

图16－113　莨菪（天仙子）

酸浆（挂金灯）***Physalis alkekengi* L. var. *franchetii*（Mast.）Makino**　酸浆为多年生草本植物。茎较粗壮，茎节膨大。叶仅叶缘有短毛。花冠白色。果萼橙色或火红色，光滑无毛。浆果球状，橙红色（见图16－114）。广泛分布于我国各地。其宿萼或带果实的宿萼入药（锦灯笼）有清热解毒、利咽化痰、利尿通淋之效。

图16－114　酸浆（挂金灯）

茄科药用植物还有**颠茄 *Atropa belladonna* L.**，其全草入药（颠茄草）能松弛平滑肌、抑制腺体分泌、加速心率、扩大瞳孔；**漏斗泡囊草 *Physochlaina infundibularis* Kuang**，其根入药（华山参）能温肺祛痰、平喘止咳、安神镇惊；**辣椒 *Capsicum annuum* L.**，其成熟果实入药（辣椒）能温中散寒、开胃消食。

16. 玄参科 Scrophulariaceae

【特征】玄参科植物为草本、灌木或少有乔木。叶对生、互生或轮生，无托叶。花两性，常两侧对称，排列成各种花序；萼片4～5枚，常宿存；花冠合瓣，常4～5裂，二唇形；雄蕊常4枚，为2强雄蕊，稀2或5枚，着生于花冠筒上；花盘常呈环状、杯状或小而似腺；子房上位，2枚心皮组成2室，中轴胎座，胚珠多枚。果实为蒴果，2或4瓣裂，偶顶端孔裂，稀为不开裂的浆果，常具宿存花柱；种子多而细小。

【分布】玄参科约有 220 属，4 500 种，广泛分布于全球各地。我国有 60 余属，主产于西南地区。

【药用成分】玄参科植物主要含有环烯醚萜类和黄酮类化合物，少数属植物中含有强心苷类化合物。环烯醚萜类化合物中最常见的是桃叶珊瑚苷，分布于小米草属、山罗花属、马先蒿属等至少 10 属植物中；此外还有浙玄参苷、胡黄连苷等。黄酮类化合物主要存在于毛地黄属、水八角属、玄参属等植物中，包括木犀草苷、蒙花苷等。强心苷主要分布于毛地黄属植物中，毛地黄叶中含有的强心苷种类达 20 种。

【代表性药用植物】

地黄 ***Rehmannia glutinosa*** **Libosch.**　地黄为多年生草本植物，全株密被灰白色多细胞长柔毛和腺毛。根状茎肉质，鲜时呈黄色。叶在茎基部集成莲座状，叶片上面绿色，下面略带紫色或呈紫红色。总状花序，萼齿 5 枚。花冠筒微弯曲，外面紫红色，内面黄紫色，被长柔毛，裂片 5 枚。蒴果卵形（见图 16－115）。分布于我国辽宁和华北、西北、华中、华东等地，各地多有栽培，主产于河南。新鲜块根入药（鲜地黄）有清热生津、凉血、止血之效，干燥块根入药（生地黄）有清热凉血、养阴生津之效，生地黄的炮制加工品熟地黄有补血滋阴、益精填髓之效。

图 16－115　地黄

玄参 ***Scrophularia ningpoensis*** **Hemsl.**　玄参为多年生高大草本植物。花冠紫褐色，上唇明显长于下唇，退化雄蕊大而近圆形。果实为蒴果（见图 16－116）。为我国特产，分布于华东、华中、华南、西南等地，各地多有栽培。根入药（玄参）有清热凉血、滋阴降火、解毒散结之效。

阴行草 ***Siphonostegia chinensis*** **Benth.**　阴行草为一年生草本植物。茎下部常不分枝，上部多分枝，中空。叶对生，厚纸质，两面密被短毛。总状花序对生，花冠上唇红紫色，下唇黄色，花筒伸直而纤细（见图 16－117）。广泛分布于全国各地。全草入药（北刘寄奴）有活血祛瘀、通经止痛、凉血、止血、清热利湿之效。

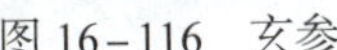
图 16－116　玄参

图 16－117　阴行草

玄参科药用植物还有**胡黄连** ***Picrorhiza scrophulariiflora*** **Pennell**，分布于我国西藏南部（聂拉木以东地区）、云南西北部、四川西部，其根状茎入药（胡地黄）有退虚热、除疳热、清湿热之效；**苦玄参** ***Picria fel-terrae*** **Lour.** 分布于广东、广西、贵州和云南南部，其全草入药（苦玄参）有清热解毒、消肿止痛之效；**短筒兔耳草** ***Lagotis brevituba*** **Maxim.**，全草入药（洪连）有清热、解毒、利湿、平肝、行血、调经之效。

17. 忍冬科 Caprifoliaceae

【特征】忍冬科植物多为木本，稀草本。叶对生，单叶，有时为奇数羽状复叶，常无托叶。花两性，辐射对称或两侧对称，呈聚伞花序或再组成各式花序，稀数朵簇生或单生；萼筒贴生于子房，裂片 4～5 枚；花冠合瓣，裂片 4～5 枚，有时呈二唇形；雄蕊着生于花冠筒上；子房下位，2～5 枚心皮，中轴胎座，每室含 1 至多枚胚珠。果实为浆果、核果或蒴果。种子具丰富胚乳。

【分布】忍冬科有 5 属，约 200 种，主要分布于北温带和热带高海拔山地，其中东亚和北美东部种类最多，个别属分布在大洋洲和南美洲。我国有 5 属，60 余种，大多分布于华中和西南各省区。

【药用成分】忍冬科植物以环烯醚萜类、黄酮类化合物为特征成分，并且均分布广泛。

【代表性药用植物】

忍冬 ***Lonicera japonica*** **Thunb.**　忍冬为半常绿藤本植物。单叶全缘。花生于叶腋，花冠白色（有时淡红色），凋落前变为黄色，故名“金银花”，花冠二唇形，上唇裂片顶端钝形，下唇带状而反曲。浆果圆形，成熟时呈蓝黑色（见图 16－118）。我国各省均有分布。茎枝入药（忍冬藤）有清热解毒、疏风通络之效，花蕾或带初开的花入药（金银花）有清热解毒、疏散风热之效。

同属药用植物**华南忍冬** ***L.confusa*** **DC.**（见图 16－119）、**黄褐毛忍冬** ***L. fulvotomentosa*** **Hsu et S. C. Cheng**（见图 16－120）、**红腺忍冬**（菰腺忍冬）***L. hypoglauca*** **Miq.**、**灰毡毛忍冬** ***L. macranthoides*** **Hand.-Mazz.** 的花蕾或带初开的花入药（山银花）亦有清热解毒、疏散风热之效。

图 16-118　忍冬

图 16-119　华南忍冬

图 16-120　黄褐毛忍冬

18. 葫芦科 Cucurbitaceae

【特征】葫芦科植物为攀缘或匍匐藤本，有卷须，茎通常具纵沟纹。叶多为单叶，互生，不分裂或掌状浅裂至深裂，稀为鸟足状复叶，具掌状脉。花单性，雌雄同株或异株；花萼管状、辐状或钟状，5 裂，花冠基部合生或完全分离，5 裂；雄花雄蕊 5 或 3 枚；雌花多子房下位，稀半下位，由 3 枚心皮合生，侧膜胎座，胚珠多枚。果实为瓠果。种子多粒，扁平，无胚乳。

【分布】葫芦科约有 120 属，800 种，大多分布于热带和亚热带地区，少数种类散布到温带地区。我国有 35 属，150 余种，主要分布于西南部和南部地区，少数散布到北部地区。

【药用成分】葫芦科植物常含三萜类、黄酮类及酚类等化合物。三萜类化合物主要为葫芦烷型、达玛烷型四环三萜和齐墩果烷型五环三萜。

【代表性药用植物】

栝楼 ***Trichosanthes kirilowii* Maxim.**　栝楼为攀缘藤本植物，块根圆柱形，横走。叶掌状浅裂或中裂。雌雄异株，雄花呈总状花序，雌花单生；花萼、花冠均为5裂，花冠白色，中部以上细裂呈流苏状。瓠果椭圆形，成熟时果皮和果瓤橙黄色。种子卵状椭圆形，近边缘处具棱线（见图16－121）。主要分布于我国辽宁、陕西、甘肃、四川、贵州和云南等地。根入药（天花粉）能清热泻火、生津止渴、消肿排脓，成熟果实入药（瓜蒌）能清热涤痰、宽胸散结、润燥滑肠，成熟种子（瓜蒌子）及其炮制加工品（炒瓜蒌子）均能润肺化痰、滑肠通便，成熟果皮入药（瓜蒌皮）能清热化痰、利气宽胸。同属植物**双边栝楼**（中华栝楼）***T. rosthornii* Harms** 植株较小，叶片常3～7深裂，几达基部，裂片线状披针形至倒披针形。种子棱线距边缘较远（见图16－122）。分布于华中、西南、华南及西北等地，常为栽培品。其入药部位和功效与栝楼相同。

图16－121　栝楼

图16－122　双边栝楼（中华栝楼）

木鳖（木鳖子）***Momordica cochinchinensis* (Lour.) Spreng.**　木鳖为攀缘大藤本植物。叶片卵状心形或宽卵状圆形，3～5中裂至深裂。雌雄异株，花冠黄色。果实卵球形，成熟时呈红色，有刺状突起。种子扁平，卵形或方形，干后呈黑褐色，边缘有齿，两面稍拱起，具雕纹（见图 16－123）。分布于华中、华南地区。成熟种子入药（木鳖子）有散结消肿、攻毒疗疮之效。

图 16－123　木鳖

罗汉果 ***Siraitia grosvenorii*（Swingle）C. Jeffrey ex A. M. Lu et Z. Y. Zhang**　罗汉果为草质藤本植物。果实淡黄色，干后呈黑褐色，球形或长圆形，果皮较薄，干后较脆（见图 16－124）。产于广西、贵州、湖南南部、广东和江西。果实入药（罗汉果）有清热润肺、利咽开音、滑肠通便之效。

图 16－124　罗汉果

葫芦科药用植物还有**冬瓜** ***Benincasa hispida*（Thunb.）Cogn.**，其外层果皮入药（冬瓜皮）有利尿消肿之效；**丝瓜** ***Luffa cylindrica*（L.）Roem.**，其成熟果实的维管束入药（丝瓜络）有祛风、通络、活血、下乳之效；**甜瓜** ***Cucumis melo* L.**，其成熟种子入药（甜瓜子）有清肺、润肠、化瘀、排脓、疗伤止痛之效；**西瓜** ***Citrullus lanatus*（Thunb.）Matsum. et Nakai**，其新鲜果实与皮硝一起加工后入药（西瓜霜）有清热泻火、消肿止痛之效。

19. 桔梗科 Campanulaceae

【特征】桔梗科植物为草本，常具乳汁。单叶互生，稀对生或轮生。花两性，辐射对称或两侧对称，单生，或呈聚伞、总状、圆锥花序；花萼 5 裂，宿存；花冠钟状或筒状，裂片常 5 枚，有时裂至基部，镊合状或覆瓦状排列；雄蕊与花瓣裂片同数，分离或合生，着生于花冠基部或花盘上；子房下位或半下位，由 2～5 枚心皮合生成 2～5 室，中轴胎座。果实为蒴果，稀浆果。种子多数，具胚乳。

【分布】桔梗科约 80 属，2 300 种。广泛分布于全球，主产于温带和亚热带地区。我国有 16 属，约 160 种，分布于各地，以西南地区种类最为丰富。

【药用成分】桔梗科植物含皂苷、多糖和生物碱等成分。其中桔梗含桔梗皂苷，具有镇静、镇痛和抗炎作用。该科植物普遍含菊糖，这是桔梗科和菊科共同的特点。半边莲属植物含吡啶型生物碱山梗菜碱，这与桔梗科其他植物有明显区别，有学者主张将半边莲属从桔梗科分出，独立成半边莲科。

【代表性药用植物】

党参 *Codonopsis pilosula* (Franch.) Nannf. 党参为多年生缠绕草质藤本。根圆柱形，下端分枝或不分枝，外皮灰黄色，上端有细密环纹，下部疏生横长皮孔。茎缠绕。花单生于枝端；花冠阔钟状，淡黄绿色，内面有明显紫斑。果实为蒴果（见图 16-125）。主产于东北、华北等地区。根入药（党参）有健脾益肺、养血生津之效。同属植物**素花党参 *C. pilosula* (Franch.) Nannf. var. *modesta* (Nannf.) L. T. Shen** 和**川党参 *C. tangshen* Oliv.** 的根亦作中药党参使用，**羊乳 *C. lanceolata* (Sieb. & Zucc.) Trautv.**（见图 16-126）的根有消肿排脓、清热解毒、补血催乳、祛痰之效。

图 16-125 党参

图 16-126 羊乳

沙参 *Adenophora stricta* Miq. 沙参为多年生草本植物，有白色乳汁。茎常被短毛。基生叶心形，大而具长柄；茎生叶椭圆形或狭卵形，无柄。花萼钟状，5 裂，裂片狭长，多为钻形，被短毛，常极密；花冠宽钟状，蓝色或紫色；花柱略长于花冠。蒴果椭圆状球形，极少椭圆形（见图 16－127）。主产于我国江苏、安徽、浙江、江西和湖南等省。根入药（南沙参）有养阴清肺、益胃生津、化痰、益气之效。同属植物**轮叶沙参** ***A. tetraphylla*** **(Thunb.) Fisch.** 的根圆锥形，黄褐色，有横纹；茎生叶 3～6 片轮生；花序狭圆锥状；花萼裂片短小，花冠小而细长，花盘细长（见图 16－128）。其根亦作中药南沙参使用。

图 16－127　沙参

图 16－128　轮叶沙参

桔梗 ***Platycodon grandiflorum*** **(Jacq.) A. DC.**　桔梗为多年生草本植物。根肥大，肉质，淡黄褐色。花单生或数朵生于枝端；花冠大，长 1.5～4.0 厘米，钟形，蓝色或紫色；雄蕊 5

枚，花丝基部膨大而彼此相连；子房下位，5 室。蒴果卵球形，顶端 5 瓣裂（见图 16-129）。广泛分布于我国各地。根入药（桔梗）有宣肺、利咽、祛痰、排脓之效。

图 16-129　桔梗

半边莲 ***Lobelia chinensis*** **Lour.**　半边莲为多年生蔓生小草本，有乳汁。叶互生。花单生，粉红色或白色，花冠筒有一侧深裂至基部，裂片披针形，均偏向一侧，故名“半边莲”（见图 16-130）。分布于我国长江中下游及以南各省区。全草入药（半边莲）有清热解毒、利尿消肿之效。

图 16-130　半边莲

20. 菊科 Asteraceae

【特征】菊科植物多为草本、亚灌木或灌木，稀为乔木，有时有乳汁管或树脂道。叶常互生，稀对生或轮生，全缘、具齿或分裂，无托叶。花两性或单性，极少有单性异株，5 基数，常为多朵小花聚集成头状花序或短穗状花序，下面托以 1 至多层苞片组成的总苞，头状花序单生或数个排列成总状、聚伞、伞房或圆锥状花序，花序托具窝孔或无窝孔，无毛或有毛；头状花序中有的小花同形，即全为管状花或全为舌状花，有的小花异形，即外围为舌状雌花，中央为两性的管状花；萼片不发育，常变态为鳞片状、刚毛状或冠毛状，花冠常辐射对称，有时两侧对称。雄蕊 4～5 枚，着生于花冠筒上，花药合生成筒状，基部钝或有尾；心皮 2 枚，合生，子房下位，1 室，具 1 枚胚珠，花柱顶端两裂。瘦果不开裂，种子无胚乳。

【分布】菊科是被子植物第一大科，约 1 700 属，24 000 种，广泛分布于全世界，热带地区较少。我国有 240 余属，2 300 多种，分布于全国各地。

【药用成分】菊科植物所含化学成分总计有 30 余类，其多样性和复杂性均居植物界之首，几乎包括了所有天然化合物的类型，其中倍半萜内酯、聚炔类化合物和菊糖为菊科特征化合物。菊科植物中已发现 500 余种倍半萜内酯，生物活性显著。如佩兰内酯、地胆草种内酯、斑鸠菊内酯和蛇鞭菊内酯均有抑制癌细胞的作用，天名精内酯、木香内酯等有驱虫作用。管状花亚科几乎全含聚炔类成分，如母菊酸、苍术炔、茵陈二炔等，聚炔类化合物往往与挥发油共存，或即为挥发油的组分。菊糖普遍存在于该科植物中，但至今未在鬼针草属植物中分离到。

另外，菊科植物还含有黄酮类、生物碱类、香豆素类等成分。绝大部分黄酮在菊科植物有分布，如水飞蓟素有保肝作用，轮叶泽兰（林泽兰）总黄酮有抗菌、抗病毒、镇咳的作用。生物碱包括千里光碱、蓝刺头碱、金雀花碱等。蒿属植物所含有的香豆素类成分具有降压、促进胆汁分泌等作用。

【代表性药用植物】

根据头状花序中花冠类型的不同和乳汁的有无，菊科通常可分为两个亚科。

（1）管状花亚科（Carduoideae）。该亚科的头状花序小花全部为同形的管状花，或边缘花为假舌状或漏斗状；植物体无乳汁。

菊花 *Chrysanthemum morifolium* Ramat.　菊花为多年生草本植物，全体被白色柔毛。叶片卵形至披针形，叶缘羽裂有粗大锯齿。头状花序直径大小不一，总苞片多层，外层表面被柔毛；雌性舌状花颜色多种，两性管状花黄色。瘦果无冠毛（见图 16－131）。我国各地均有栽培。头状花序入药（菊花）能散风清热、平肝明目、清热解毒；按产地和加工方法不同，又有不同的名称。浙江桐乡等地产者称“杭菊”，安徽亳州、滁州市、歙县等地产者分别称“亳菊”“滁菊”“贡菊”，河北、河南、山东以及四川等地产者分别称“祁菊”“怀菊”“济菊”“川菊”。同属植物**野菊 *C. indicum* L.** 的头状花序小，黄色（见图 16－132）。除新疆外，广泛分布于我国各地。头状花序入药（野菊花）有清热解毒、泻火平肝之效。

图 16－131　菊花

图 16－132　野菊

红花 ***Carthamus tinctorius* L.**　红花为一年生草本植物，全体光滑无毛。叶革质，坚硬，边缘不规则浅裂，裂片边缘有锯齿，齿顶具针刺。头状花序在茎枝顶端排成伞房花序；总苞多列，外部2～3列呈叶状，边缘有针刺。小花全为两性管状花。瘦果倒卵形，乳白色，有4棱，棱在果顶伸出（见图16-133）。我国各地均有栽培。花入药（红花）有活血通经、散瘀止痛之效。

白术 ***Atractylodes macrocephala* Koidz.**　白术为多年生草本植物，根状茎结节状。全体光滑无毛。头状花序顶生，总苞绿色，钟形，外围有一轮针刺状羽状全裂的苞叶，最外还有数片线状披针形平展的苞叶（见图16-134）。浙江、江苏、福建、江西、安徽、四川、湖北及湖南等地均有栽培。根状茎入药（白术）有健脾益气、燥湿利水、止汗、安胎之效。同属植物**茅苍术**（苍术）***A. lancea*（Thunb.）DC.**（见图16-135）和**北苍术** ***A. chinensis*（DC.）Koidz.**（见图16-136）的根状茎入药（苍术）有燥湿健脾、祛风散寒、明目之效。

图16-133　红花

图16-134　白术

图16-135　茅苍术（苍术）

图 16－136　北苍术

茵陈蒿 ***Artemisia capillaris* Thunb.**　茵陈蒿为半灌木状草本植物，植株有浓烈香气。主根单一，垂直生长。幼苗被白色柔毛。基生叶密集，呈莲座状，茎下部叶和营养枝叶二至三回羽状全裂，小裂片狭线形或狭线状披针形，花期上述叶均萎谢；中部叶宽卵形、近圆形或卵圆形，一至二回羽状全裂，小裂片狭线形或丝线形；上部叶与苞片叶羽状 5 或 3 全裂，基部裂片半抱茎（见图 16－137）。因该植物冬季地上部分枯死，春季又萌发出新苗，故名“茵陈”。我国各地均有分布。茵陈蒿与同属植物**滨蒿**（猪毛蒿）***A. scoparia* Waldst. et Kit.**（见图 16－138）的地上部分入药（茵陈）有清利湿热、利胆退黄之效。其中春季采收的习称“绵茵陈”，秋季采割的称“花茵陈”。其他同属植物还有**黄花蒿** ***A. annua* L.**（见图 16－139），其地上部分入药（青蒿）有清虚热、除骨蒸、解暑热、截疟、退黄之效；**艾** ***A. argyi* Lévl. et Vant.**（见图 16－140）的叶入药（艾叶）有温经止血、散寒止痛、祛湿止痒（外用）之效。

图 16－137　茵陈蒿

图 16－138　滨蒿（猪毛蒿）

图 16－139　黄花蒿

图 16－140　艾

旋覆花 ***Inula japonica*** **Thunb.**　旋覆花为多年生草本植物。基部叶较小，在花期枯萎；中部叶长圆形、长圆状披针形或披针形，无柄，上面有疏毛或近无毛，下面有疏伏毛和腺点，中脉和侧脉有较密的长毛；上部叶渐狭小，线状披针形。头状花序边缘为黄色舌状花，中央为管状花，冠毛白色（见图 16－141）。我国大部分地区有分布。地上部分入药（金沸草）有降气、消痰、行水之效，头状花序入药（旋覆花）有降气消痰、行水止呕之效。同属植物**条叶旋覆花**（线叶旋覆花）***I. linariifolia*** **Turcz.** 的地上部分亦作中药金沸草使用，**欧亚旋覆花** ***I. britannica*** **L.**（见图 16－142）的头状花序亦作中药旋覆花使用。二者的形态与旋覆花也极近似，仅以叶形和毛茸区别。其他同属植物还有**土木香** ***I. helenium*** **L.**，其根入药（土木香）有健脾和胃、行气止痛、安胎之效。

图 16－141　旋覆花

图 16－142　欧亚旋覆花

苍耳 ***Xanthium sibiricum*** **Patr.**　苍耳为一年生草本植物。叶三角形，3～5 裂，边缘具不规则锯齿。头状花序顶生或腋生，单性同株，总苞结成囊状，外面具钩刺（见图 16－143）。分布于我国各地。成熟带总苞的果实入药（苍耳子）有散风寒、通鼻窍、祛风湿之效。

图 16－143　苍耳

千里光 ***Senecio scandens*** **Buch.-Ham.**　千里光为多年生草本植物，茎伸长，分枝呈蔓生状，叶卵形或椭圆状披针形，两面有软毛（见图 16－144）。地上部分入药（千里光）有清热解毒、明目、利湿之效。

图 16－144　千里光

牛蒡 ***Arctium lappa*** **L.**　牛蒡为二年生草本植物，主根肉质。基生叶丛生，茎生叶互生。头状花序总苞片披针形，顶端钩状弯曲；全为管状花，淡紫色。瘦果扁卵形，冠毛短刚毛状（见图 16－145）。广泛分布于我国各地。成熟果实入药（牛蒡子）有疏散风热、宣肺透疹、解毒利咽之效。

图 16－145　牛蒡

管状花亚科药用植物还有**祁州漏芦**（漏芦）***Rhaponticum uniflorum*****（L.）DC.**，其根入药（漏芦）有清热解毒、消痈、下乳、舒筋通脉之效；**豨莶** ***Siegesbeckia orientalis*** **L.** 和同属植物**毛梗豨莶** ***S. glabrescens*** **Makino**、**腺梗豨莶** ***S. pubescens*** **Makino**，其地上部分入药（豨莶草）有祛风湿、利关节、解毒之效；**华东蓝刺头** ***Echinops grijsii*** **Hance** 和同属植物**驴欺口** ***E. latifolius*** **Tausch.**，二者的根入药（禹州漏芦）有清热解毒、消痈、下乳、舒筋通脉之效；**紫菀** ***Aster tataricus*** **L. f.**，其根和根状茎入药（紫菀）有润肺下气、消痰止咳之效；**鳢肠** ***Eclipta prostrata*** **L.**，其地上部分入药（墨旱莲）有滋补肝肾、凉血止血之效；**蓟** ***Cirsium japonicum*** **Fisch. ex DC.** 和同属植物**刺儿菜** ***C. setosum*****（Willd.）MB.**，二者的地上部分入药分别称“大蓟”和“小蓟”，有凉血止血、散瘀解毒消痈之效；**佩兰** ***Eupatorium fortunei*** **Turcz.**，其地上部分入药（佩兰）有芳香化湿、醒脾开胃、发表解暑之效；**轮叶泽兰**（林泽兰）***Eupatorium lindleyanum*** **DC.**，其地上部分入药（野马追）有化痰止咳平喘之效；**一枝黄花** ***Solidago decurrens*** **Lour.**，其全草入药（一枝黄花）有清热解毒、疏散风热之效；**天名精** ***Carpesium ubrotanoides*** **L.**，其成熟果实入药（鹤虱）有杀虫消积之效；**款冬** ***Tussilago farfara*** **L.**，其未开放头状花序入药（款冬花）有润肺下气、止咳化痰之效；**水飞蓟** ***Silybum marianum*****（L.）Gaertn.**，其成熟果实入药（水飞蓟）有清热解毒、疏肝利胆之效；**川木香** ***Vladimiria souliei*****（Franch.）Ling** 和同属植物**灰毛川木香** ***V. souliei*****（Franch.）Ling var.** ***cinerea*** **Ling**，其根入药（川木香）有行气止痛之效。

（2）舌状花亚科（Cichorioideae）。该亚科植物头状花序小花全部为舌状花，植物体常有乳汁。

蒲公英 ***Taraxacum mongolicum*** **Hand.-Mazz.**　蒲公英为多年生草本植物。叶丛生于基部，倒向羽状分裂或大头羽状分裂。头状花序顶生，花全为舌状花，黄色；总苞片钟状，2～3 层，外层卵状披针形或披针形，内层线状披针形。瘦果倒卵状披针形，暗褐色，先端延长成喙，冠毛白色（见图 16－146）。我国各地均有分布。全草入药（蒲公英）有清热解毒、消肿散结、利尿通淋之效；同属植物**碱地蒲公英**（华蒲公英）***T. borealisinense* Kitam.** 等数种植物的全草入药有相同功效。

图 16－146　蒲公英

菊苣 *Cichorium intybus* L.　菊苣为多年生草本植物。基生叶莲座状，倒向羽状深裂或不分裂而边缘有稀疏的尖锯齿，基部渐狭成翼柄；茎生叶少数，较小，无柄，卵状倒披针形至披针形。头状花序全为舌状花，蓝色，总苞圆柱状，2 层，外层披针形，内层线状披针形。瘦果 3～5 棱，褐色。冠毛极短（见图 16－147）。广泛分布于我国各地。地上部分或根入药（菊苣）有清肝利胆、健胃消食、利尿消肿之效。

图 16－147　菊苣

舌状花亚科药用植物还有**鸦葱** ***Takhtajaniantha austriaca*** **Willd.**、**桃叶鸦葱** ***Scorzonera sinensis*** **Lipsch. & Krasch. ex Lipsch.**、**翅果菊** ***Lactuca indica L.***、**苦苣菜** ***Sonchus oleraceus*** **L.**、**黄鹌菜** ***Youngia japonica*** **(L.) DC.**、**稻槎菜** ***Lapsanastrum apogonoides*** **(Maxim.) Pak & K. Brem.**、**尖裂假还阳参** ***Crepidiastrum sonchifolium*** **(Bunge) Pak & Kaw.**、**苦荬菜** ***Ixeris polycephala*** **Cass. ex DC.**、**中华苦荬菜** ***Ixeris chinensis*** **(Thunb.) Nakai** 等。

21. 禾本科 Poaceae

【特征】禾本科植物多为草本，少数为木本（竹类）。地下常具根状茎或须根；地上茎特称为秆，秆有明显的节和节间，节间多中空，很少为实心（如玉米、高粱、甘蔗等）。单叶互生，排成 2 列；叶由叶鞘、叶片和叶舌 3 部分组成；叶鞘包着秆，通常一侧开裂，顶端两侧常各具 1 耳状突起，称叶耳；叶片带形、线形至披针形，具平行脉；叶舌生于叶鞘顶端与叶片相连接处的近轴面，呈膜质薄片状或纤毛状，稀不明显或无叶舌。叶舌和叶耳的形状是区别同科草本植物的重要特征。花序常以小穗为基本单位，在穗轴上再排列成穗状、指状、总状或圆锥状；小穗有 1 个很短的小穗轴，其基部常有 2 枚颖片（总苞片），生在下面或外面的 1 片称外颖，生在上面或里面的 1 片称内颖；小穗轴上生有 1 至数朵小花，每朵小花外有 2 枚苞片，称外稃和内稃，外稃厚而硬，顶端或背部常生有芒，内稃质地较薄，背部具 2 脊，常为外稃所包裹；在子房基部，内外稃间有 2 或 3 枚透明肉质的小鳞片，称浆片（相当于花被片），浆片可将外稃和内稃撑开，使柱头和雄蕊伸出花外，易于传粉；由外稃和内稃包裹的浆片、雄蕊和雌蕊组成一朵小花，小花两性，稀单性；雄蕊通常 3 枚，很少 1、2、4 或 6 枚，花丝细长，花药“丁”字形着生；雌蕊 1 枚，由 2～3 枚心皮构成，子房上位，1 室，1 枚胚珠，花柱 2 枚，稀 1 或 3 枚，柱头常为羽毛状或帚刷状。果实多为果皮与种皮愈合的颖果。种子含丰富淀粉质胚乳。

【分布】禾本科约有 700 属，11 000 种，是单子叶植物中数量仅次于兰科的第二大科，但在分布上较兰科更为广泛。禾本科植物能适应各种类型的生态环境，凡是地球上有种子植物生长的场所皆有其踪迹。我国有 200 余属，1 500 种以上，各省区均有分布。

【药用成分】禾本科植物所含化学成分多样，颖果含有大量糖类、蛋白质和脂类。

【代表性药用植物】

薏米 ***Coix lacryma-jobi*** **L.var.** ***ma-yuen*** **(Roman.) Stapf**　薏米为一年生草本植物。花序下倾，小穗单性，具骨质总苞，总苞长 9～10 毫米，质地较薄，有纵长条纹（见图 16-148）。我国各地均有栽培或野生。成熟种仁入药（薏苡仁）有利水渗湿、健脾止泻、除痹、排脓、解毒散结之效。

淡竹叶 ***Lophatherum gracile*** **Brongn.**　淡竹叶为多年生草本植物，须根中部膨大呈纺锤形小块根。叶鞘平滑或外侧边缘具纤毛，叶舌质硬，叶片披针形。圆锥花序，小穗线状披针形，雄蕊 2 枚。颖果长椭圆形（见图 16-149）。分布于我国长江以南地区。茎叶入药（淡竹叶）有清热泻火、除烦止渴、利尿通淋之效。

图 16－148　薏米

图 16－149　淡竹叶

白茅 ***Imperata cylindrica*** **Beauv. var.** ***major*****（Nees）C. E. Hubb.**　白茅为多年生草本植物，具粗壮的长根状茎。圆锥花序稠密，密生丝状柔毛（见图 16－150）。我国各地均有分布。根状茎入药（白茅根）有凉血止血、清热利尿之效。

图 16－150　白茅

芦苇 ***Phragmites communis*** **Trin.**　芦苇为多年生高大植物。圆锥花序顶生，长 10～40 厘米，微向下垂，小穗常 4～6 朵小花；第一朵小花常为雄性，其余均为两性（见图 16－151）。我国各地均有分布。新鲜或干燥根状茎入药（芦根）有清热泻火、生津止渴、除烦、止呕、利尿之效。

图 16－151　芦苇

大麦 ***Hordeum vulgare*** **L.**　大麦为一年生草本植物。秆粗壮。叶鞘两侧有较大的叶耳；叶片扁平。穗状花序，穗轴各节着生 3 枚发育的小穗。小穗通常无柄；颖线状披针形，顶端延伸成芒状，外稃披针形，具 5 脉，芒自顶端伸出。颖果成熟后粘着内、外稃，不脱出。我国各地均有栽培。成熟果实经发芽干燥的炮制加工品入药（麦芽）有行气消食、健脾开胃、回乳消胀之效。

青秆竹 ***Bambusa tuldoides*** **Munro** 青秆竹高8～10米，节间圆筒形，每节有多数分枝，分枝常自秆基部第一或第二节开始，以数枝乃至多枝簇生，主枝较粗长。颖常1片，卵状长圆形。颖果圆柱形（见图16-152）。产于广东、香港等地。茎秆的中间层入药（竹茹）有清热化痰、除烦、止呕之效。**大头典竹** ***Sinocalamus beecheyanus*** **(Munro) McClure var. *pubescens*** **P. F. Li** 和**淡竹**（毛金竹）***Phyllostachys nigra*** **(Lodd.) Munro var. *henonis*** **(Mitf.) Stapf ex Rendle** 茎秆的中间层亦作为中药竹茹使用。

图16-152 青秆竹

禾本科药用植物还有**稻** ***Oryza sativa*** **L.**，其成熟果实经发芽干燥的炮制加工品入药（稻芽）能消食和中、健脾开胃；**青皮竹** ***Bambusa textilis*** **McClure** 和**华思劳竹**（薄竹）***Schizostachyum chinense*** **Rendle**，其秆内分泌液干燥后的块状物入药（天竺黄）能清热豁痰、凉心定惊；**野燕麦** ***Avena fatua*** **L.**，其颖果能补虚损、固表止汗。

22. 天南星科 Araceae

【特征】天南星科植物为草本，稀木质藤本。有根状茎或块茎。富含苦味水汁或乳汁。叶1枚或少数，有时花后出现，通常为基生，如茎生则呈互生、二列或螺旋状排列，叶形或叶脉不一，基部常具膜质鞘。花小，常极臭，两性或单性，排列成肉穗花序，花序外有佛焰苞包围；花被无或4～6枚，鳞片状；花单性同株时，雄花生于肉穗花序上部，雌花生于下部，两者间常有无性花相隔；雄蕊常4或6枚，分离或合生。雌花子房上位，有1至多室。果实为浆果。

【分布】天南星科有110属，3 500余种。分布于热带和亚热带地区，其中92%的属产于热带地区。我国有26属180余种，多分布于长江以南各省区。

【药用成分】天南星科植物所含化学成分主要有挥发油、生物碱、苷类、黄酮类及多糖等。

【代表性药用植物】

天南星（一把伞南星）***Arisaema erubescens*（Wall.）Schott**　天南星为多年生草本植物。块茎扁球形。叶片鸟足状分裂，裂片 13～19 枚。佛焰苞管部圆柱形，喉部截形，外缘稍外卷。花序附属器向上渐细呈尾状，长 10～20 厘米。浆果红色，圆柱形（见图 16－153）。除西北地区外，我国均有分布。块茎入药（天南星）有散结消肿之效，块茎的炮制加工品入药（制天南星）有燥湿化痰、祛风止痉、散结消肿之效。同属植物**异叶天南星**（天南星）***A. heterophyllum* Bl.**（见图 16－154）和**东北天南星**（东北南星）***A. amurense* Maxim.**（见图 16－155）的块茎亦作为中药天南星使用。

图 16－153　天南星（一把伞南星）

图 16－154　异叶天南星（天南星）

图 16-155 东北天南星（东北南星）

半夏 ***Pinellia ternata*** **(Thunb.) Breit.** 半夏为草本植物。块茎圆球形。叶从块茎顶端生出，一年生的叶为单叶，卵状心形，2～3 年生的叶为 3 小叶复叶。佛焰苞绿色，上部呈紫红色；花序轴顶端有细长附属物（见图 16-156）。全国各地均有分布。块茎入药（半夏）有燥湿化痰、降逆止呕、消痞散结之效。

图 16-156 半夏

石菖蒲 ***Acorus tatarinowii*** **Schott** 石菖蒲为多年生草本植物。根状茎芳香。叶片薄，无柄，无中肋。肉穗花序圆柱形，花白色（见图 16-157）。分布于我国黄河以南各省区。根状茎入药（石菖蒲）有开窍豁痰、醒神益智、化湿开胃之效。同属植物**藏菖蒲**（菖蒲）***A. calamus*** **L.**（见图 16-158）的根状茎入药（藏菖蒲）有温胃、消炎止痛之效。

图 16-157　石菖蒲

图 16-158　藏菖蒲（菖蒲）

独角莲 *Typhonium giganteum* Engl.　独角莲的块茎呈倒卵形。通常 1～2 年生的只有 1 枚叶，3～4 年生的有 3～4 枚叶。叶片幼时内卷呈角状，因而得名，后即展开，箭形，长 15～45 厘米，宽 9～25 厘米（见图 16-159）。为我国特有物种，南北各地均有分布。干燥块茎入药（白附子）有祛风痰、定惊搐、解毒散结、止痛之效。

图 16-159　独角莲

天南星科药用植物还有**千年健 *Homalomena occulta*（Lour.）Schott**，其根状茎入药（千年健）有祛风湿、壮筋骨之效；以及**刺芋 *Lasia spinosa*（L.）Thwait.**、**花蘑芋 *Amorphophallus konjac* K. Koch** 等。

23. 百合科 Liliaceae

【特征】百合科植物为多年生草本，少数为灌木或亚灌木，具根状茎、鳞茎或球茎。叶基生或茎生，茎生叶多互生，少数对生或轮生。花序呈总状、穗状、伞形或圆锥状；花两性，辐射对称，花被片 6 枚，少有 4 或多枚，花瓣状，分离或合生；雄蕊 6 枚；子房上位，极少半下位，通常 3 室而为中轴胎座，稀 1 室而为侧膜胎座，每室具 1 至多枚倒生胚珠。果实为蒴果或浆果。种子具丰富胚乳。

【分布】百合科约 250 属，3 500 种，广泛分布于全世界，特别是温带和亚热带地区。我国有 57 属，720 余种，分布于全国。

【药用成分】百合科植物含有甾体生物碱类、强心苷类、甾体皂苷类、醌类、糖类等化合物。

【代表性药用植物】

百合 *Lilium brownii* F. E. Brown var. *viridulum* Baker 百合为多年生草本植物，鳞茎直径为2～5厘米。叶倒披针形至倒卵形，叶腋无珠芽。花被漏斗状，花被片乳白色，微黄，外面常带淡紫色，花药“丁”字形着生（见图16－160）。产于我国河北、山西、河南、陕西、湖北、湖南、江西、安徽和浙江等省区。肉质鳞叶入药（百合）有养阴润肺、清心安神之效。同属植物**细叶百合**（山丹）***L. pumilum* DC.**（见图16－161）和**卷丹 *L. lancifolium* Thunb.**（见图16－162）的肉质鳞叶亦作中药百合使用，只在植株形态特征上有差别。细叶百合叶条形，有1条明显的脉；花鲜红或紫红色，无斑点或有少数斑点。卷丹叶腋常有珠芽，花橘红色，有紫黑色斑点。

图16－160　百合

图16－161　细叶百合（山丹）

图16－162　卷丹

浙贝母 *Fritillaria thunbergii* Miq. 浙贝母为多年生草本植物，鳞茎直径为1.5～3厘米，由2～3枚肥厚的鳞片组成。花单生于茎顶或上部叶腋，一般有1～6朵，淡黄绿色，外面有绿色脉纹，内面有紫色斑纹，相互交织成网状，花被片长2.5～3.5厘米（见图16－163）。产于我国浙江北部、江苏南部和湖南，湖北、四川等地亦有栽培。鳞茎入药（浙贝母）有清热化痰止咳、解毒散结消痈之效，可加工制成浙贝流浸膏。

图 16－163　浙贝母

浙贝母同属植物多可入药，其中**川贝母** ***F. cirrhosa*** **D. Don**（见图 16－164）、**暗紫贝母** ***F. unibracteata*** **Hsiao et K. C. Hsia**（见图 16－165）、**甘肃贝母** ***F. przewalskii*** **Maxim.**（见图 16－166）、**梭砂贝母** ***F. delavayi*** **Franch.**（见图 16－167）、**瓦布贝母** ***F. unibracteata*** **Hsiao et K. C. Hsia var. *wabuensis*（S. Y. Tang et S. C. Yue）Z. D. Liu, S. Wang et S.C. Chen** 和**太白贝母** ***F. taipaiensis*** **P. Y. Li**（见图 16－168）的鳞茎入药（川贝母），有清热润肺、化痰止咳、散结消痈之效。**平贝母** ***F. ussuriensis*** **Maxim.**（见图 16－169）的鳞茎入药（平贝母）有清热润肺、化痰止咳之效；**新疆贝母** ***F. walujewii*** **Regel**（见图 16－170）和**伊犁贝母**（伊贝母）***F. pallidiflora*** **Schrenk**（见图 16－171）的鳞茎（伊贝母）亦有相同功效。

图 16－164　川贝母

图 16－165　暗紫贝母

图 16－166　甘肃贝母

图 16－167　梭砂贝母

图 16-168 太白贝母

图 16-169 平贝母

图 16－170　新疆贝母

图 16－171　伊犁贝母（伊贝母）

黄精 ***Polygonatum sibiricum*** **Red.**　黄精的根状茎呈结节状膨大。茎直立，有时呈攀缘状。叶轮生，每轮 4～6 片，条状披针形，叶片顶端拳卷或弯曲成钩。花柱比子房长（见图 16－172）。分布于我国东北、黄河流域至长江中下游地区。根状茎入药（黄精）有补气养阴、健脾、润肺、益肾之效，习称“鸡头黄精”。同属植物**滇黄精** ***P. kingianum*** **Coll. et Hemsl.**（见图 16－173）和**多花黄精** ***P. cyrtonema*** **Hua**（见图 16－174）的根状茎亦作为中药黄精使用，前者习称“大黄精”，后者习称“姜形黄精”；**玉竹** ***P. odoratum*** **(Mill.) Druce**（见图 16－175）的根状茎入药（玉竹）有养阴润燥、生津止渴之效。

麦冬 ***Ophiopogon japonicus*** **(L. f.) Ker-Gawl.**　麦冬根较粗，顶端或中部具膨大呈纺锤状的块根。花小，稍下垂；花药三角状披针形；子房半下位。种子球形，蓝黑色（见图 16－176）。我国多数省区有分布或栽培。块根入药（麦冬）有养阴生津、润肺清心之效。

图 16-172　黄精

图 16-173　滇黄精

图 16-174　多花黄精

图 16-175　玉竹

图 16-176 麦冬

知母 ***Anemarrhena asphodeloides*** **Bunge** 知母的根状茎横生，粗壮。叶基生，条形。花葶细长，总状花序；花小，淡紫红色，花被片 6 枚，雄蕊 3 枚。蒴果具 6 纵棱（见图 16-177）。分布于我国东北、华北及西北地区。根状茎入药（知母）有清热泻火、滋阴润燥之效。

图 16-177 知母

百合科药用植物还有**七叶一枝花**（华重楼）***Paris polyphylla*** **Smith var.** ***chinensis*** **(Franch.) Hara** 和**云南重楼**（滇重楼）***Paris polyphylla*** **Smith var.** ***yunnanensis*** **(Franch.) Hand.-Mazz.**，二者的根状茎入药（重楼）有清热解毒、消肿止痛、凉肝定惊之效；**天冬**（天门冬）***Asparagus cochinchinensis*** **(Lour.) Merr.**，其块根入药（天冬）有养阴润燥、清肺生津之效；**好望角芦荟** ***Aloe ferox*** **Mill.** 和**库拉索芦荟** ***Aloe barbadensis*** **Mill.**，其叶的汁液浓缩干燥物入药（芦荟）有泻下通便、清肝泻火、杀虫疗疳之效，前者习称“新芦荟”，后者习称“老芦荟”；**大蒜**（蒜）***Allium sativum*** **L.**，其鳞茎入药（大蒜）有解毒消肿、杀虫、止

痢之效；**光叶菝葜**（土茯苓）***Smilax glabra* Roxb.**，其根状茎入药（土茯苓）有解毒、除湿、通利关节之效；以及**白背牛尾菜 *Smilax nipponica* Miq.**、**牛尾菜 *Smilax riparia* A. DC.**、**菝葜 *Smilax china* L.**、**肖菝葜 *Smilax japonica*（Kunth）P. Li & C. X. Fu**、**大百合 *Cardiocrinum giganteum*（Wall.）Makino**、**药百合 *Lilium speciosum* Thunb. var. *gloriosoides* Baker**、**藠头 *Allium chinense* G. Don**、**茖葱 *Allium ochotense* Prokh.**、**蒙古韭 *Allium mongolicum* Regel**、**小根蒜**（薤白）***Allium macrostemon* Bunge**、**长叶竹根七 *Disporopsis longifolia* Craib**、**竹根七 *Disporopsis fuscopicta* Hance**、**芦荟 *Aloe vera*（L.）Burman**、**黄花菜 *Hemerocallis citrina* Baroni** 等。

24. 姜科 Zingiberaceae

【特征】姜科植物为多年生草本，常具有匍匐或块状的根状茎，气味芳香，地上茎基部常具鞘。单叶基生或茎生，2 列或螺旋状排列，基部具张开或闭合的叶鞘，鞘顶常有叶舌；叶片较大，披针形或椭圆形，有多数羽状平行脉自主脉斜向上伸。花两性，两侧对称，单生或组成穗状、头状、总状或圆锥花序；花被片 6 枚，2 轮，外轮萼状，下部合生成管，内轮花冠状，基部亦成管状，上部具 3 枚裂片，通常位于后方的一枚裂片较两侧为大；退化雄蕊 2 或 4 枚，排成 2 轮，外轮的 2 枚称侧生退化雄蕊，呈花瓣状、齿状或不存在，内轮 2 枚联合成一花瓣状的唇瓣，发育雄蕊 1 枚，花药 2 室，花丝具槽；雌蕊 3 枚心皮，子房下位，3 室而为中轴胎座，或 1 室而为侧膜胎座，胚珠多枚，花柱 1 枚，丝状，通常经发育雄蕊花丝的槽中由花药室之间穿出，柱头漏斗状，具缘毛。蒴果室背开裂，或肉质不开裂，呈浆果状。种子圆形或有棱角，常具假种皮，胚乳丰富。

【分布】姜科约有 50 属，1 300 种，分布于热带、亚热带地区。我国有 20 属，200 余种，分布于东南部至西南部各省区。

【药用成分】姜科植物的特征是分泌细胞中含大量挥发油。挥发油主含单萜与倍半萜类化合物，如姜烯、姜醇、莪术醇等。该科的另一个特征是含有黄酮类化合物及黄色素。如高良姜含有高良姜素、草豆蔻含豆蔻素等；姜黄和莪术根状茎中含有姜黄素，可作食用染料及化学指示剂。

【代表性药用植物】

姜 *Zingiber officinale* Roscoe　姜的根状茎肉质，扁平，有短指状分枝。叶片披针形，基部狭窄，无叶柄。穗状花序自根状茎抽出；苞片淡绿色，卵形；花冠黄绿色，唇瓣倒卵状圆形，下部两侧各有小裂片，有紫色、黄白色斑点（见图 16－178）。我国中部、东南部至西南部各省区广为栽培。干燥根状茎入药（干姜）有温中散寒、回阳通脉、温肺化饮之效，干姜的炮制加工后入药（炮姜）有温经止血、温中止痛之效，新鲜根状茎入药（生姜）有解表散寒、温中止呕、化痰止咳、解鱼蟹毒之效。

阳春砂（砂仁）***Amomum villosum* Lour.**　阳春砂为多年生草本植物。穗状花序椭圆形，从根状茎生出。蒴果椭圆形，成熟时紫红色，干后褐色，表面被不分裂或分裂的柔刺。种子多角形（见图 16－179）。产于我国福建、广东、广西和云南等省区。成熟果实入药（砂仁）有化湿开胃、温脾止泻、理气安胎之效。同属药用植物较多，**绿壳砂**（缩砂密）***A.***

villosum **Lour. var.** ***xanthioides*** **T. L. Wu et Senjen** 和**海南砂**（海南砂仁）***A. longiligulare*** **T. L. Wu** 的成熟果实亦作为中药砂仁使用，**白豆蔻** ***A. kravanh*** **Pierre ex Gagnep.** 和**爪哇白豆蔻** ***A. compactum*** **Soland ex Maton** 的成熟果实入药（豆蔻）有化湿行气、温中止呕、开胃消食之效，**草果** ***A. tsaoko*** **Crevost et Lemarie**（见图 16-180）的成熟果实入药（草果）有燥湿温中、截疟除痰之效。

图 16-178　姜

图 16-179　阳春砂（砂仁）

图 16-180　草果

姜黄 ***Curcuma longa*** **L.**　姜黄具叶 5～7 片，长圆形或椭圆形。花葶由叶鞘内抽出；穗状花序圆柱状；苞片卵形或长圆形，淡绿色，上部无花的白色，边缘染淡红晕；花冠淡黄色（见图 16-181）。分布于我国台湾、福建、广东、广西、云南、西藏等省区。根状茎入药（姜黄）有破血行气、通经止痛之效，块根入药（郁金）有活血止痛、行气解郁、清心凉血、利胆退黄之效，习称“黄丝郁金”。

图 16－181　姜黄

姜黄同属植物**温郁金** ***C. wenyujin*** **Y. H. Chen et C. Ling**（见图 16－182）、**广西莪术** ***C. kwangsiensis*** **S. G. Lee et C. F. Liang**（见图 16－183）、**蓬莪术**（莪术）***C. phaeocaulis*** **Val.**（见图 16－184）的块根亦作为中药郁金使用，前者习称“温郁金”，后两者按性状不同习称“桂郁金”或“绿丝郁金”；根状茎入药（莪术）有行气破血、消积止痛之效，第一者习称“温莪术”。

图 16－182　温郁金

图 16－183　广西莪术

图 16－184　蓬莪术（莪术）

姜科药用植物还有**草豆蔻** ***Alpinia katsumadai* Hayata**，其近成熟种子入药（草豆蔻）有燥湿行气、温中止呕之效；**益智** ***Alpinia oxyphylla* Miq.**，其成熟果实入药（益智）有暖肾固精缩尿、温脾止泻摄唾之效；**高良姜** ***Alpinia officinarum* Hance**，其根状茎入药（高良姜）有温胃止呕、散寒止痛之效；**大高良姜**（红豆蔻）***Alpinia galanga* Willd.**，其成熟果实入药（红豆蔻）有散寒燥湿、醒脾消食之效；以及**山姜** ***Alpinia japonica*（Thunb.）Miq.**、**九翅豆蔻** ***Amomum maximum* Roxb.**、**蘘荷** ***Zingiber mioga*（Thunb.）Rosc.** 等。

25. 兰科 Orchidaceae

【特征】兰科植物为多年生草本，陆生、附生或腐生，稀为攀缘藤本。陆生或腐生的种类常有肥厚的根状茎或块茎，附生的种类茎下部常膨大成肉质假鳞茎。叶基生或茎生，茎生叶常互生或生于假鳞茎顶端或近顶端。花单生或排列成总状、穗状或圆锥花序；花两性，稀单性，两侧对称；花被片 6 枚，2 轮，外轮 3 片为萼片，常花瓣状，上方中央的 1 片称中萼片，有时凹陷，下方两侧的 2 片称侧萼片，内轮侧生的 2 片称花瓣，中央 1 片特化为唇瓣，常因花梗和子房作 180° 或 90° 扭转、弯曲而位于下方。雄蕊与花柱（包括柱头）合生成蕊柱，常半圆柱形，与唇瓣对生。雄蕊 1 或 2 枚，花药 2 室，花粉粒粘结成花粉团。雌蕊 3 心皮，子房下位，1 室，侧膜胎座。果实为蒴果。种子细小，无胚乳，种皮常在两端延长成翅状。

【分布】兰科约有 800 属，25 000 种，分布于热带和亚热带地区，少数种类也见于温带地区。我国有 190 余属，1 300 多种，多分布于我国云南、台湾及海南等地。

【药用成分】兰科植物常含有芪类、生物碱类、萜类、多糖类、香豆素类、酚苷类等化合物。芪类化合物在兰科植物中分布广泛，主要为菲类化合物及其衍生物，还有芪类二聚体、菲醌类和联苄类化合物，该类化合物具有抗肿瘤、抗血小板聚集等方面的活性。生物碱主要为倍半萜类生物碱，如石斛碱、石斛星碱等。萜类化合物主要包括二萜、三萜及其苷。多糖在兰科植物中含量丰富而类型多样，如天麻中含有天麻多糖，具有镇静作用。

【代表性药用植物】

天麻 ***Gastrodia elata* Bl.** 天麻为腐生草本植物。根状茎横走，肥厚肉质，长椭圆形，表面有均匀的环节。叶退化呈膜质鳞片状，不含叶绿素。总状花序顶生，萼片和花瓣合生，顶端 5 裂（见图 16－185）。我国多数省区有分布。块茎入药（天麻）有息风止痉、平抑肝阳、祛风通络之效。

金钗石斛（石斛）***Dendrobium nobile* Lindl.** 金钗石斛的茎为丛生，黄绿色。叶狭长椭圆形至长圆状披针形，顶端钝有凹缺，叶鞘紧抱节间。花白色，微带紫红（见图 16－186）。分布于我国长江以南地区。其茎入药（石斛）有益胃生津、滋阴清热之效。同属植物**霍山石斛** ***D. huoshanense* C. Z. Tang et S. J. Cheng**（见图 16－187）、**鼓槌石斛** ***D. chrysotoxum* Lindl.**（见图 16－188）和**流苏石斛** ***D. fimbriatum* Hook.**（见图 16－189）等的茎亦作为中药石斛使用，**铁皮石斛** ***D. officinale* Kimura et Migo**（见图 16－190）的茎入药（铁皮石斛）与石斛功效相同。

图 16-185　天麻

图 16-186　金钗石斛（石斛）

图 16-187　霍山石斛

兰科药用植物还有**杜鹃兰** ***Cremastra appendiculata*** **(D. Don) Makino**、**独蒜兰** ***Pleione bulbocodioides*** **(Franch.) Rolfe** 和**云南独蒜兰** ***Pleione yunnanensis*** **Rolfe**，其假鳞茎入药（山慈菇）能清热解毒、化痰散结；**白及** ***Bletilla striata*** **(Thunb.) Reichb. f.**（见图 16-191），其块茎入药（白及）有收敛止血、消肿生肌之效；以及**角盘兰** ***Herminium monorchis*** **(L.) R. Br.**、**手参** ***Gymnadenia conopsea*** **(L.) R. Br.**、**西南手参** ***Gymnadenia orchidis*** **Lindl.** 等。

图 16－188　鼓槌石斛

图 16－189　流苏石斛

图 16－190　铁皮石斛

图 16－191　白及

任务实施

一、任务准备

准备一些常见的药用被子植物的新鲜或腊叶标本（需有花或果），如蒲公英、贴梗海棠、槐、忍冬、苍耳、玉兰、卷丹、葎草、萹蓄、芍药等。

二、识别常见的药用被子植物

1. 根据植物的叶脉、根、子叶及花的形态特征，判断其为单子叶植物还是双子叶植物。
2. 根据植物生活型，茎、叶、花或花序、果实和种子的形态，鉴定其所属的科。

三、任务测评

按表 16－3 进行任务测评，并做好记录。

表 16－3　任务评分标准

序号	考核内容	考核标准	配分	得分
1	单子叶植物与双子叶植物的特征	能准确判断植物属于单子叶植物还是双子叶植物	35	
2	被子植物常见科及其特征	能准确鉴定植物所属的科，并描述该科植物特征	35	
3	识别常见的药用被子植物	能准确描述植物的药用部位及药用价值	30	
合计			100	

思考与练习

1. 被子植物在哪些方面比裸子植物更能适应陆生生活？

2. 本书共介绍了被子植物中 25 个科的特征，从每科中选择一种代表植物，详细观察并描述它的形态特征。